從南方古猿 到智人

基因組 × 遺傳學 × 演化論 × 分子鐘，對生命不斷的探索，
使「演化」成為生命科學體系的思想脈絡

······ 張超、趙奐、林祖榮 編著 ······

從 RNA 到真核生物，從拉馬克到達爾文

小到量子能階，大到宇宙維度；
細至細胞結構，粗達生態系統，
跟著本書探討「演化」這生命永恆的主題

◎人類生物學演化的問題太多？那只好求助化石了！
◎我就是想知道「南方古猿」和我到底有沒有關係？
◎如何讓普通物質組成的生命永恆不滅？自我複製！
◎小麥和大豆的自花授粉就相當於自己和自己結婚？

目錄

目錄

目錄

序言

序言

　　這本書延續著上一本《從細胞到生物圈：馬爾薩斯陷阱、地球系統演化史、拉馬克歸來，在「好玩」過程中理解生物學的本質》的內容，以「演化」為主體說明。這兩本都是我們師徒三人合作的作品，林祖榮老師是我和趙奐的指導教授。我們三個人都是中學的生物老師。

　　「生物學」教學於我們而言，並非單純工作那麼簡單，在生物學的學習和教授過程中，其博大的方法與思想、精謹的邏輯與系統、深廣的內涵與外延，無時無刻不在影響著我們的思維，使我們在生物學的海洋中暢遊時驚喜不斷、收穫連連；使我們面對紛繁複雜的世界時能夠從容不迫、鮮疑少惑。

　　正是因為我們對生物學的喜愛，也是因為我們對生物學教學的喜歡，更是因為我們希望透過努力將這份生物學中的美妙帶給更多的孩子，所以我們決定編寫一本既有趣又適合中學生嚴肅閱讀的書籍。基於這種想法，就有了你手中的這本書。

　　你手中這本有關生物學的書籍是有趣的，與只是知識概念羅列的課本相比，這本書不但告訴你「其然」，還會告訴你「其所以然」，讓你從死板的概念中跳脫出來，每一個概念的來龍去脈、每一個知識的前因後果都躍然紙上，讓你在不知不覺的「好玩」過程中理解生物學的本質。

　　你手中這本有關生物學的書籍是嚴肅的，其中的每一個生物學概念、思想、方法都是經歷了很多學者細緻嚴謹的科學研究而獲得的。身為編寫

者的我們並不是這些科學結論的研究者，我們能承諾給大家的是書中的每一個知識都有更為專業的生物學研究作為保障，也有更為專業的生物學專著或論文作為根據，有興趣的同學可以進行更為專業且深入的閱讀。

本書的編寫首先要感謝的是學習生物學的同學們，正是你們的需求給予了我們靈感，正是你們的勤奮給予了我們動力；接下來要感謝的是和我們一樣熱愛生物學的生物組老師們，與你們並肩作戰是一種榮幸和幸福；再要感謝的是為本書的編寫提供了材料的生物學專業研究者們，我們只是站在巨人的肩膀上做了一件力所能及的事情，在編寫期間，我們有幸聯繫上了王立銘教授和朱欽士教授，他們的慷慨令我們感動不已，還有更多我們沒有聯繫到的研究者，在此一併表示感謝；還要感謝我們任教的實驗中學，是這個和睦的大家庭讓我們師徒三人有機會相遇、相知……此書的完成需要感謝的人太多，難免掛一漏萬，在此向所有幫助過我們的人表達我們的敬意。

由於能力有限，書中難免有疏漏之處，歡迎大家交流、指正。

張超

演化
生命永恆的主題

什麼是「演化」

　　本書的主題是「演化」，什麼是演化呢？要想回答這個問題得從「生命是什麼」開始。其實對於生命的理解不同的人會有不同的角度和看法，也正是因為每個人都可以從自己的角度對生命進行闡述，才使得生命的研究可以不歇不止、永遠前進，才使得研究生命的學問 —— 生命科學可以不斷更新、永保活力。觀察、思考、研究生命的角度實在太多了：小到量子能階，大到宇宙維度；細至細胞結構，粗達生態系統。好奇的人類在面對生命研究的「複雜」時確實有些暈頭轉向，但人類總是抱持一種「化繁為簡」的執著，總是希望能夠找到一條「一以貫之」的思想去探索生命的真誠性，聰明的人類在不斷地嘗試後，最終將複雜生命的各種問題集中成了三個統一的真誠性問題：生命從哪裡來？生命到哪裡去？生命運行過程的基本規律是怎樣的？

　　面對將複雜生命問題化簡後的三個有些哲學化的真誠性問題，人類開始了進一步的艱苦探索，最終形成了兩種基本的、能夠統領整個生命科學統的理論：創造論和演化論。創造論認為，在宇宙歷史的某一特殊時刻，由上帝一次性創造出各種生物，最初有多少種，現在就有多少種，各種生物之間沒有任何親緣關係，在以後的發展過程中各種生物也將按照自己的特點（按照神的意志在創造時決定的特點）進行發展，直至永遠；而演化論認

為，現在地球上的各種生物不是神創造的，而是由共同祖先經過漫長的時間逐漸演變而來的，因此各種生物之間有著或遠或近的親緣關係，在未來，生物也將按照一定的演化規律不斷演化下去。隨著科學的不斷發展，人類越來越意識到演化論是更適合統領整個生命科學整體的理論。

雖然我們知道了演化是一種統領整個生命科學整體的理論，但具體到「什麼是演化」這個問題，我們會發現還有很多問題並不容易解決：生命到底從哪裡、如何而來？生命運行過程中的基本規律實際上是什麼？如何研究？有何證據？生命最終向著哪裡去？……這一系列的不確定問題和研究方向落點，又使得演化的研究類似於對生命的認識，所以，時至今日，像對於生命沒有定論一樣，對於「什麼是演化」這個問題也並沒有一個準確的回答。在學術界，對於演化的定義也是角度多多：《牛津簡明科學詞典》（*Oxford Concise Colour Science Dictionary*）對演化的定義是這樣的，「現今的各種動植物由早期最原始的生命演變而來的漸進過程，據信該過程過去 30 億年間一直在進行」；《韋氏辭典》（*The dictionary by Merriam-Webster*）對於演化的定義是這樣的，「物種、生命體或者器官形態從原始到現代、從簡單到特化的發展」；而弗圖摩（Douglas J. Futuyma）在他的著作《生物演化》（*Evolution*）中為演化下了如下的定義，「在最廣泛的意義上，演化僅僅是一種變化，並且隨處可見；星系、語言和政治體制一概不能除外。生物演化是生物族群性質的變化，

這種變化超出了單一個體的壽命。個體發生不是演化，孤立的生命體不演化。族群中可透過遺傳物質從一代傳給下一代的變化被認為是演化。生物演化可能是細微或顯著的，它包含了從一個族群中不同的等位基因頻率的一切微小變化（如決定血型的基因），到把最早的原生生物（Protoorganism）變成蝸牛、蜜蜂、長頸鹿和蒲公英的延續變化。」北京大學教授張昀先生對於演化的解釋為，「生物演化是生物與其生存環境相互作用的過程中，其遺傳系統隨時間而發生的一系列不可逆的改變，並導致其相應的表型改變。在大多數情況下，這種改變導致生物總體對其環境的相互適應。」……

對於演化的研究，生物學家們始終孜孜以求、不斷創新，這樣的努力也讓演化的理論得到了不斷的發展，從拉馬克到達爾文，到現代演化理論，再到中性演化理論、分子鐘……一代代生物學家的持續探索不但讓演化成為生命科學知識寶庫中不可或缺的重要組分，而且更加使演化成了統領整個生命科學體系的思想脈絡。

本篇將會從能量、物質、資訊、生殖、人和理論六個角度對演化的相關內容進行闡述，既希望透過這樣的描寫幫助大家從演化的角度認識生命，理解演化這一生命的永恆主題；更希望透過關於演化整體研究的真實案例幫助大家體會到演化的博大精深、魅力無窮與任重道遠、潛力無限……

第一章

地球上「亂撞」的能量如何被生命「收服」

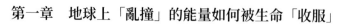

本章希望從能量的角度帶領大家領略生命演化的無窮魅力。

一、生命「收服」原始地球上到處亂撞的能量

在 46 億年前，熾熱的原始地球在宇宙塵埃的餘燼中逐漸形成，並慢慢冷卻形成堅硬的外殼。外殼不斷地被撕裂又閉合，岩漿從地底深處帶來的濃煙籠罩大地，而彗星這樣的宇宙流浪者為地球帶來了最早的水。在這個表面被沸騰的海洋覆蓋、終日電閃雷鳴、飽受火山噴發和隕石雨摧殘的地球上，生命開始了漫長的旅程。當時的地球，能量就像一個精力無限、叛逆無比的孩子，渾身是勁、恣意妄為。

從能量的角度認識生命，生命是一種典型的「叛逆者」。在面對四維空間熵增的能量規律時，生命選擇了對抗，生命想方設法地透過讓自己熵減來收服亂撞的熵增能量。

生命收服橫衝亂撞的能量是從化合物開始的。利用化合物，先將狂亂的能量集中形成一個個能量密集的小能量包，再以這些小能量包為基本單位，透過複雜的排列組合，生成一個個大的能量塊，最後再透過有效的分工和合作，將這些大能量塊與小能量包有機組織在一起而形成了最基本的能量體 —— 單細胞生命。而複雜的多細胞生命的產生原理與上述「小能量包—能量塊—能量體」的構建模式相同，是以細胞這個能量體作為基本單位，透過有機地排列組合與分工合作構建在一起而形成的大能量系統。就這樣，生命透過「小能量包—能量塊—能量體—大

能量系統」的模式，成功地將地球上橫衝直撞的熵增能量收服到自己麾下，變為順服的熵減能量體系 —— 生命就此產生。

上面的文字好像科幻小說一樣撲朔迷離，且很難有直接的真實證據進行驗證，但在實驗室環境下，科學家已經讓其中的不少過程得以模擬實現。

二、「從亂撞的能量到小能量包」——能量被有機小分子收服

1824 年，德國化學家弗里德里希・維勒（Friedrich Wöhler）在實驗室開始了一項新研究，他試圖合成一種名為氰酸銨的化學物質。為此，他將氰酸和氨水 —— 兩種天然存在的物質 —— 混合在一起加熱蒸餾，然後分析燒瓶裡是否出現了他希望得到的新物質。但他發現，反應結束後留在燒瓶底部的白色晶體並不是氰酸銨，而是尿素。

NH_3（氨）+ HNCO（氰酸）→ [NH_4NCO]（氰酸銨）→ NH_2CONH_2（尿素）（這種白色晶體成分直到 1828 年才被弗里德里希・維勒確認，這是人類第一次完全不依靠生物體合成出生物體產生的物質，其實，時至今日，我們仍然不十分清楚為何氰酸銨會自發重排成為尿素）。弗里德里希・維勒的實驗不但第一次證明了生物體產生的物質完全可以直接利用天然存在的物質簡單方便地製造出來，而且也使人們意識到：很有可

能，在那個能量到處亂撞的原始地球上，能量的供應為組成生命的物質的產生創造了條件，同時伴隨著組成生命的化合物的合成，亂撞的能量也被這些物質收納馴服，成為一個個有機分子形式的、可進一步利用的小能量包。

　　真的有這種可能嗎？原始地球上的物質和能量條件真的能創造出組成生命的物質嗎？大名鼎鼎的米勒-尤里實驗（Miller-Urey experiment）給出了答案。

　　1952 年，美國芝加哥大學的博士新生史丹利·米勒（Stanley Miller）說服了自己的導師──諾貝爾化學獎獲得者哈羅德·尤里（Harold Clayton Urey），設計了一個即便在今天看來也有點科幻色彩的實驗：米勒的野心是在小小的實驗室裡模擬原始地球的環境（包括原始地球的能量氛圍和物質條件），看看在那種環境裡，構成生命的物質能否從無到有地自然產生。根據當時人們對原始地球環境的猜測，米勒搭建了一個略顯簡陋的實驗裝置，如圖 11-1 所示。

　　他在一個大燒瓶裡裝上水，點上酒精燈不斷加熱，模擬沸騰的海洋。他還在裝置裡通入氫氣、甲烷和氨氣，模擬原始狀態的地球大氣。米勒還在燒瓶裡不斷點燃電火花，模擬遠古地球大氣的閃電（代表原始地球上不羈的能量狀態）。實驗的真實情景是在酒精燈的炙烤下，「海水」不斷蒸騰，濃密的水蒸氣升入「大氣」，形成厚厚的雲層，濃雲中電閃雷鳴，暴雨傾盆，又在不斷攪動沸騰的「海洋」。這套簡單的裝置，可以說是米勒對原始地球環境的一種非常簡單、粗糙的還原。短短一天之後，某些奇怪的事情就發生了──燒瓶裡的水不再清澄，而是變成了

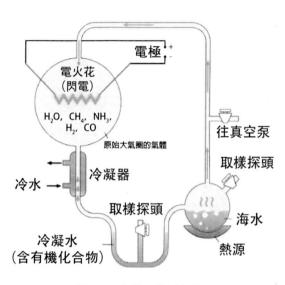

圖 1-1　米勒—尤里實驗

淡淡的粉紅色，這說明有某些全新的物質生成了。一週之後，米勒停止
加熱，關掉電源，從燒瓶裡取出「海水」進行分析，結果「海水」中出現
了許多全新的化學物質，甚至包括 5 種胺基酸分子！眾所周知，胺基酸
是構成蛋白質大分子的基本單位。地球上所有生命體中的蛋白質分子都
是由 20 種胺基酸分子排列組合而成的。蛋白質是組成地球生命的重要
物質，人體內蛋白質分子占體重的 20%，是占比最多的有機物，不僅如
此，在人體的每一個細胞裡，都有超過 10 億個蛋白質分子驅動著幾乎
全部生命所需的化學反應，說胺基酸分子是構成地球生命的基石，一點
也不為過。

　　米勒只需要短短一週，就在一個容量不過幾升的瓶子裡將激盪的電
火花和翻湧的「海洋」中的能量收入有機小分子能量包中，製造出了胺

基酸，那麼在幾十億年前的浩瀚原始海洋裡，在數千萬年甚至上億年的時間尺度裡，從無到有地構造出生命現象蘊含的全部化學反應，製造出生命所需的所有物質，乃至創造出生命本身，是不是就不是那麼難以想像呢？地球從一個能量衝撞激盪的無序狀態慢慢被收納入有機分子中，最終約束在有序的生命體系內，是不是就變得容易理解了？

當然，用今天的眼光看，米勒 - 尤里實驗的設計和解讀是有不少缺憾和問題的。在 2007 年米勒去世後，他的學生仔細分析了 1950 年代留下的燒瓶樣本，證明其中含有的胺基酸種類要遠多於最初發現的 5 種—— 甚至可能多至 30 ～ 40 種。這一發現更強有力地說明了製造構成地球生命的物質並非一件很困難的事情。但是另一方面，今天的研究者傾向於認為早期地球大氣根本沒有多少氨氣、甲烷和氫氣，反而是二氧化硫、硫化氫、二氧化碳和氮氣更多，因此米勒 - 尤里實驗的基本假設是錯誤的。當然，後來的科學家（包括米勒的學生）也證明了即便是在這樣的條件下，只需要加一些限定，仍然可以很快地製造出胺基酸。

製造出小分子有機物能量包只是收服原始地球亂撞能量的第一步，後續還會按照「亂撞的能量—小能量包—能量塊—能量體—大能量系統」的能量收服模式演進嗎？請拭目以待。

三、「從小能量包到能量塊」── 能量被有機大分子收服

前文已經提到，蛋白質大分子是生命現象最重要的動力，是絕大多數生物化學反應的指揮官。它們一般由少則幾十個，多則幾千個胺基酸分子按照特定的順序首尾相連而成。這條胺基酸長鏈在細胞內折疊扭曲，像繞線團一樣，形成複雜的三維立體結構。蛋白質分子就像精密設計的微型分子機器，它們的功能往往依賴這種特別的三維結構。在一個蛋白質分子中，哪怕一個胺基酸裝配錯誤、一丁點三維結構變形，都可能徹底毀掉這臺分子機器。在今天的實驗室裡，我們已經可以利用化學合成的方法，以 20 種胺基酸單體為原料，組裝出這樣的精密分子機器。中國科學家人工合成牛胰島素的工作就是一個很好的例子。牛胰島素是一個由 51 個胺基酸、2 條胺基酸鏈組合而成的蛋白質分子。如今我們利用機器可以完成這項任務，與此同時，我們也可以用更巧妙的方法，讓細菌或者其他微生物來幫助我們大量生產想要的蛋白質分子。

除了蛋白質大分子，DNA（Deoxyribonucleic Acid，去氧核醣核酸）也是組成生物體重要的大分子物質，它是地球上絕大多數生命體用來儲存遺傳資訊的物質。不管是直徑只有幾微米（micrometer，μm）的細菌，還是人體內上百萬億個細胞，在這些細胞的深處都珍藏著一組 DNA 分子。對於每一個細胞而言，DNA 分子代表著來自祖先的遺傳印記，也決定了它自己的獨特性狀。和蛋白質分子類似，DNA 也是由許多個單體分子首尾相連形成的鏈條。但是作為遺傳資訊的載體，DNA 分子的化學性

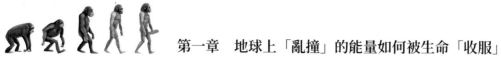

質其實比蛋白質分子更簡單。它的組成單元只有區區 4 種核苷酸分子。而且和蛋白質不同，DNA 的結構可以看作是一維線性的：4 種核苷酸分子的排列順序形成了某種「密碼」，記載著決定生物體性狀的資訊 —— 從豌豆的花色到人類的身高、智力和相貌。我們現在已經可以用化學合成的方法組裝出一段 DNA 分子，或者動用天然存在的 DNA 複製機器 —— DNA 聚合酶 —— 組裝 DNA 分子。在美國科學家克雷格‧文特爾（Craig Venter）的實驗室裡，人們甚至已經可以合成一種微生物（絲狀支原體）的整套 DNA，如圖 1-2 所示，並用這段長達 107 萬個核苷酸分子的環形 DNA 徹底替代了絲狀支原體（mycoplasma）原本的遺傳物質。而如果僅僅考慮合成 DNA 的長度，人類還可以走得更遠。例如，2017 年年初，美國哥倫比亞大學的科學家人工合成了總長度達到 1,440 萬個核苷酸分子的 DNA 鏈，並且利用 DNA 編碼規則，在裡面儲存了一整套電腦操作系統和一部法國電影。

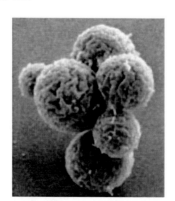

圖 1-2　利用人工合成的 DNA 所「合成」的絲狀支原體

從米勒 - 尤里實驗我們知道，在原始地球的環境中，自發出現諸如

胺基酸和核苷酸這樣的有機小分子應該並不是特別困難。但根據上面的描述，在生物體中，大量的胺基酸和核苷酸要按照某種特定順序組裝成蛋白質和 DNA 分子才能發揮真正的生物學功能。只有這樣，蛋白質分子才能折疊成三維的分子機器，推動生物化學反應的進行；也只有這樣，DNA 分子才能形成長鏈，儲存複雜的遺傳資訊。因此，我們可能更需要問的問題是：在原始地球環境裡，胺基酸和核苷酸分子自發連成長串，是不是件容易的事情？當然不是。讓胺基酸和核苷酸單體分子結合在一起變成蛋白質和 DNA 鏈是一件非常困難的事情。

從能量的角度分析，以蛋白質為例，在地球的生命體內把單個胺基酸串在一起形成蛋白質需要消耗很多能量。蛋白質是按照胺基酸的順序進行裝配的，場面有點類似組裝汽車的流水線。每個胺基酸單體首先要被機械手抓取，然後準確地安放在上一個胺基酸的旁邊，最後組裝好的半成品蛋白質再沿著流水線向下移動一格，騰出空間，讓機械手裝配下一個胺基酸。粗略估計一下，一個細胞中 95% 的能量儲備都用來支持蛋白質組裝了。按照我們這個世界運行的基本原理，從混亂（單個胺基酸）中產生秩序（胺基酸按照特定順序組裝起來）本身就是件極其困難的事情。依據熱力學第二定律，任何一個孤立系統的混亂程度 —— 物理學家更喜歡用「熵」這個物理量來表述 —— 總是在增大的。通俗的解釋就是，如果沒有「看管」，任何一個成型、有序的事物（如一座大樓）都會最終破敗、消散（大樓坍倒為瓦礫）。請大家特別注意「看管」二字，換句話說，如果有「看管」，那麼熵的增加是可以被制止甚至逆轉的。用能量來理解「看管」，我們可以得出這樣的結論：如果存在外界能量的注

入，一個局部系統的混亂度確實可以下降而不違反熱力學第二定律。這也正是薛丁格（Erwin Schrödinger）在《生命是什麼》（*What Is Life?*）一書中的名言——有機體以負熵為生。

地球環境中有如此之多的能量（從 1.5 億公里遠道而來的太陽光、在大洋底部從岩石縫隙中噴湧而出的熱泉等都讓我們生活的地球從來不乏能量），在不斷收服能量的過程中，有機小分子能量包是完全有機會生成有機大分子能量塊的。但是，環境中的這些能量究竟是如何被利用的呢？面對這個問題，科學家採取「逆向」的邏輯展開了探索，即想要研究小分子有機物如何利用環境的能量合成大分子有機物，我們就將大分子進行分解或者將需要這些物質供能的生命活動進行拆解，透過分解、拆解過程會有怎樣的能量形式產生來進一步研究正向反應時的能量原理。

20 世紀初，一群生物學家開始了他們的探索，他們關心的正是生物體內各種各樣的現象究竟是怎麼被驅動的。他們首先關注的對象是動物肌肉的運動。這是一個非常自然的選擇，畢竟沒有什麼比肌肉強有力的收縮更能直觀反映生命現象所需的能量來源了。德國科學家奧托·邁爾霍夫（Otto Meyerhof）和阿奇博爾德·希爾（Archibald Hill）利用精密的化學測量方法證明，培養皿裡的青蛙肌肉纖維仍然可以利用葡萄糖（葡萄糖很容易透過澱粉這樣的大分子多醣水解而得到）作為能量進行持續收縮。在此過程中，葡萄糖分子被轉化成一種叫做乳酸的物質，就是那種能讓人在劇烈運動之後感覺肌肉痠痛的物質。看起來，葡萄糖轉化為乳酸的化學反應過程似乎能夠釋放出生物體可以利用的能量來驅動肌肉

收縮。因此，接下來的問題就清楚了：在葡萄糖轉化為乳酸的化學反應中，能量是怎樣釋放出來的？以什麼形式存在？最終又是怎樣被轉移到各種生物過程（如肌肉收縮）中去的呢？

到 1940 年代，隨著人們開始了解各種各樣完全不同的生物過程 —— 從青蛙肌肉的收縮到乳酸菌的呼吸作用 —— 人們開始意識到，對於地球現存的所有生物來說，不管相貌有多麼不同，不管是長在高山還是深海，不管是肉眼看不見的細菌還是體型巨大的動物、植物，對能量的使用方法其實都是一樣的。

在生物體內，化學反應釋放的能量首先被用來合成一種叫做三磷酸腺苷（Adenosine triphosphate, ATP）的分子。之後這種蘊含能量的分子再去驅動各式各樣的生物化學反應。通俗地說，ATP 就是地球生命通用的能量「貨幣」。之所以叫它「貨幣」，是因為這種物質和貨幣一樣，有一種奇妙的自我循環屬性。我們知道，貨幣的價值是在流通中展現的：需要買東西的時候，我們用貨幣交換商品；需要貨幣的時候，我們再用勞動或者資產換取貨幣。在此過程中，貨幣本身不會被消耗，只是在生產者和消費者之間無窮無盡地交流。和貨幣一樣，ATP 分子也不會被消耗，它只會在「高能量」和「低能量」兩種狀態間無休止地循環往復，為生命現象提供能量。實際上，在人體中每一個 ATP 分子每天都要經過 2,000-3,000 次消費 —— 生產的循環。當生命需要能量的時候，ATP 可以脫去一個磷酸基團，變成二磷酸腺苷（Adenosine diphosphate, ADP），蘊含在分子內部的化學能就會被釋放出來。而反過來，當能量富餘的時候，ADP 也可以重新帶上一個磷酸基團，變回能量滿滿的 ATP，如圖

1-3 所示。這個屬性是不是很像我們日常生活中使用的貨幣？

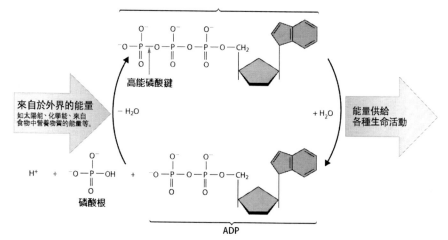

圖 1-3　ATP、ADP 及 ATP 與 ADP 之間的轉化過程

　　而我們當然也能立刻想到，貨幣的出現是人類經濟發展的重要里程碑。有了貨幣，我們就不需要總是拿山羊兌換斧頭，用穀物兌換獸皮了。我們可以把所有富餘的貨物兌換成貨幣儲存起來，然後在需要的時候購買急需的貨物。類似地，「能量貨幣」的出現也是生命演化歷史上的一次飛躍。有了通用的能量貨幣 ATP，地球生命就可以將環境中的各種能量——從太陽能、化學能，到來自食物的能量——兌換成 ATP 儲存起來，然後供給生命活動的各個環節了。ATP 這種能量貨幣的發現，一下子讓我們覺得地球上亂撞的能量在小分子能量包的基礎上被進一步收服，變得可能且可控：小分子能量包與大分子能量塊可以透過 ATP（本質上也是一種小分子能量包）自由地進行轉化，如澱粉 ATP ⇌ 葡萄糖

ATP $\rightleftarrows$ 乳酸。

　　既然 ATP 是地球現今所有生命的通用能量貨幣，那麼一個順理成章的推測就是，在大約 40 億年前最初地球生命的共同祖先也一定是用 ATP 為自己提供能量的，更進一步還可以推測，在更原始地球上與產生生命有關的大分子物質都是以 ATP 作為能量媒介進行轉化的。在這樣推測的基礎上，問題變得進一步簡單化，接下來我們只需要再進一步解釋一下地球上的能量以怎樣的原理成為 ATP 中的化學能，即 ATP 用何種方式將地球上的能量進行轉化，「從小分子能量包到大分子能量塊」的真相就會清楚地擺在我們眼前，自然，在「大分子能量塊」的基礎上進一步利用能量形成「細胞能量體」，甚至再進一步演化出「多細胞能量系統」都變得可以期待了。

　　初看起來，情形確實是很樂觀的。早在 20 世紀初，人們就已經知道在肌肉收縮的過程中，葡萄糖可以變成乳酸並釋放能量。後來人們意識到，這個過程其實和巴斯德研究過的啤酒變酸的過程是一回事：一個葡萄糖分子轉變成兩個乳酸分子，同時產生了兩個 ATP。也就是說，高等動物的肌肉細胞和會讓啤酒變質的微生物（後來知道是乳酸菌）居然共同用了同一套 ATP 產生機制，而且這個機制是一個純粹的化學反應過程，如圖 1-4 所示。之後，人們又陸續發現了更多產生 ATP 的化學反應過程。例如，巴斯德研究過的啤酒釀造，其實就是某些微生物（釀酒酵母）將一個葡萄糖分子轉化為兩個酒精加兩個二氧化碳，同時伴隨產生了兩個 ATP 分子的過程。自然界還有很多奇奇怪怪的微生物，甚至能夠利用環境中的無機物（如硫化氫和鐵離子）來生產 ATP。

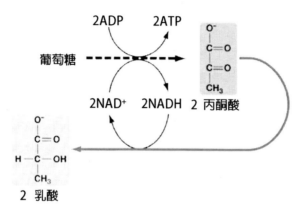

圖 1-4　肌肉細胞中的乳酸發酵過程

　　如此看來，ATP 的產生原理好像就是簡單的化學反應而已：某些營養物質 —— 可以是葡萄糖這樣的有機物，也可以是硫化氫這樣的無機物 —— 透過化學反應釋放能量，合成 ATP，然後 ATP 為各種各樣的生物化學反應提供能量。當然，實際情況要比這個解釋「稍微」複雜一點。以葡萄糖為例，它的潛力絕不僅僅是區區兩個 ATP 貨幣。在氧氣充足的條件下，一份葡萄糖分子能被徹底分解為二氧化碳和水。如果核算一下在此過程中化學鍵的變化，釋放出的能量理論上能生產多達 38 個 ATP 分子。也就是說，生物學家還需要解釋這多出來的 36 個 ATP 分子究竟是怎麼從葡萄糖裡變出來的，才算是完全揭示了 ATP 產生的能量原理。一個葡萄糖分解為乳酸或酒精能夠製造兩個 ATP，那麼無非是乳酸或酒精繼續分解成水和二氧化碳，在此過程中釋放能量，製造剩下的 36 個 ATP。我們完全可以設想這樣的化學反應過程：

葡萄糖→乳酸→ X+Y → Z+W →⋯→水 + 二氧化碳

　　每一步反應中，化學鍵的拆裝釋放出的能量可以製造若干個 ATP 分子，那麼最終無非就是一個簡單的數學問題而已：只要每一步反應製造出的 ATP 分子數加起來等於 38 就可以了。

　　結果這個看起來簡單的數字遊戲讓生物學家從 1940 年代一直忙到 1960 年代，竟然還是無從著手。這個遊戲最讓人迷惑的地方在於，隨著實驗條件的變化，每個葡萄糖分子產生的 ATP 分子數量居然不是恆定的。發揮好的時候，能量傳遞得滴水不漏，每個葡萄糖分子都被徹底分解，可以製造出 38 個 ATP 貨幣，恰好等於理論估計的最大值。但是發揮不好的時候，能製造 30 個左右的 ATP 就算是幸運的了，低到 28 個也不稀奇。更有甚者，當大家試圖精確測量 ATP 的產出效率時，還經常發現這個數字居然不是整數，而是有整有零！也就是說，在同樣一個反應體系裡，每個葡萄糖分子分解釋放能量的效率可能不一樣。

　　這就太不可思議了。製造每一個 ATP 所需要的能量是清清楚楚的，在化學反應中，每一個化學鍵的拆開和組合所能釋放或者消耗的能量也是可以精確測量的，那麼按理說，在同樣的實驗條件下，一個葡萄糖能產生出的 ATP 數量應該是一個恆定的整數。

　　生物學家當然不甘心在如此接近生命祕密的地方停下腳步。在那 20 年裡，他們嘗試了不計其數的解決方案，測量了無數次葡萄糖分解的化學反應常數。在解釋生命活動能量來源的「最後一公里」征程上，不知道留下了多少前僕後繼的生物學家的悲傷和無奈。

　　到最後，這個問題在 1960 年代被一位天才科學家用一種匪夷所思

的方式圓滿解決了。天才的名字叫彼得・米切爾（Peter Mitchell），而他提出的解決方案叫做化學滲透（chemiosmosis）。簡單來說，米切爾的宣言是，「生物體製造 ATP 的過程根本就不是化學問題！你們在化學鍵的拆裝裡尋找答案，壓根兒就是誤入歧途。」

　　這是一個遠在傳統生物學家想像力之外的全新世界。米切爾提供的解釋其實很像中學物理課本裡討論過的一個場景 —— 水力發電站。在米切爾看來，生物利用營養物質兌換能量貨幣 ATP 的過程，其實就和人們利用水力發電的過程類似。我們知道，一般來說，夜間的用電量總是要比白天小得多。畢竟燈關了，廣播停了，大部分工廠也都下班了。因為供過於求，相比白天的電價，晚間用電總是要便宜不少。因此，有些水電站就利用這個時間差來蓄能發電賺取差價：白天的時候，水電站開閘放水，水庫中高水位的蓄水飛流直下，帶動水力發電機渦輪旋轉，重力勢能轉化為電能；而到了晚上，水電站就利用比較便宜的電價反其道而行之，開動水泵，把低水位的水抽回壩內，將電能重新轉化成重力勢能，供白天發電使用。

　　在米切爾看來，辛辛苦苦地去尋找未知的化學反應從頭到尾就走錯了方向。製造 ATP 的過程和電站蓄能發電的原理是一樣的。電站蓄能發電可以分成兩步，首先是晚間用電抽水蓄能，然後是白天開閘放水發電。而在生命體內也是一樣分成兩步，只不過能量的儲存形式不是電，而是 ATP；往復流動產生能量的不是水，而是某些帶電荷的離子（特別是氫離子）；築起大壩的不是鋼筋混凝土，而是薄薄的一層細胞膜；水壩上安裝的水力發電機不是「鋼鐵怪物」，而是一個能夠讓帶電離子流動

產生 ATP 的蛋白質機器罷了。

這個過程可以簡單地描述為：首先，生命體利用營養物質（特別是葡萄糖）的分解產生能量，能量驅動帶正電荷的氫離子穿過細胞膜蓄積起來，逐漸累積起電化學勢能。之後，在生命活動需要能量的時候，高濃度的氫離子透過細胞膜上的蛋白質機器反方向流出，驅動其轉動產生 ATP。

1961 年，米切爾在著名的《自然》雜誌上發表了這個奇特的理論，可是他的整篇文章除了猜測和推斷之外，沒有給出任何實驗數據的支持。生物學家的反應可想而知 —— 水電站？蓄能發電？請問，水泵是什麼？發電機又長什麼樣？還說水壩，有水壩就有水位差，你展示給我看看！被群起而攻之的米切爾甚至一度被逼得在學術界待不下去，只好辭職回家蒔花弄草，還順手整修了家鄉的一座鄉間別墅。

但是和古往今來那些命運悲慘的政治異類、宗教異類、文藝異類不一樣，科學探索有一個互古不變的原則保護了米契爾這個科學異類。這個原則就是，再大牌的權威、再傳統的主張、再符合直覺的世界觀，都必須符合實驗觀測的結果，否則沒有力量救得了它。很快，大家開始意識到米切爾這個「離經叛道」的假說的價值了。

就像米切爾的微型水電站模型所預測的那樣，人們發現，在動物細胞的能量工廠 —— 一種叫做粒線體的微型細胞機器中，確實存在極高的氫離子濃度差。跨越粒線體內層膜僅僅幾奈米的距離跨度就有上百毫伏的氫離子濃度差，這個差別堪比雷雨雲和地面之間的電荷差別。這個

發現開始動搖部分反對者的信心，因為除了米切爾理論中的假想水壩，實在難以想像細胞為什麼需要小心翼翼地維持如此危險的高電壓。

　　與此同時，在米切爾的模型裡，葡萄糖飄忽不定的 ATP 生產效率就不再是個問題了。要知道，抽水蓄能和開閘發電，本質上是完全獨立的兩件事。抽水蓄能之後，到底開不開閘、開多久、放多少水、發多少電，那都是水電站可以自由決定的事情了。如果當天需求大，電價高，就多放一點水來發電；否則就少放一點，等過幾天再說。細胞內的微型水電站也可以根據細胞內的能量需求來決定生產 ATP 的效率。28 到38，這組讓生物化學家無比抓狂的數字，就這麼輕鬆地得到了解釋！而最具決定性的證據也許是米切爾推測的那臺水力發電機——這個一開始被錯誤地命名為「ATP 酶」，後來一般被稱作「ATP 合成酶」的蛋白質——在 1994 年終於露出了廬山真面目。這一年，米契爾的英國同行約翰·沃克（John Walker）利用 X 光繞射（X-ray diffraction）技術看清了 ATP 合成酶的真實結構，如圖 1-5 所示，它甚至比人們最先進、最科幻的想像還要美！這個微型蛋白機器的功能和外表都酷似一臺真正的水力發電機。它的核心部分是由三個葉片均勻張開構成的「齒輪」，這個齒輪和一個細管相連。當高濃度的氫離子洶湧通過細管時，就會帶動葉片以每秒上百次的速度高速旋轉，從而生產出一個個 ATP 分子來。這可能是對人類智慧毫無保留的獎賞：根據幾百年間累積的經典力學和電磁學知識，人類設計出了水力發電機，而它居然和大自然幾十億年的鬼斧神工不謀而合。這當然也可以看作對生命奇蹟的禮讚：不需要設計藍圖，不需要人類智慧，在原始地球的某個角落，居然誕生了讓人嘆為觀止的偉

大「工業」設計！

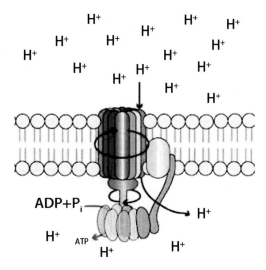

圖 11-5　ATP 合成酶及其工作原理

　　至此，ATP 產生的原理問題得到了圓滿解決，「從小分子能量包到大分子能量塊」的真相也就可以得到合理的推測。無論是滲透能轉化成為化學能的 ATP 合成原理，還是生命反應中 ATP 的轉化過程，都清楚地告訴我們，這一切其實沒什麼複雜的：原始地球上充滿能量的條件造就了各種有機小分子（能量包）的產生，其中包括可以作為能量貨幣的有機小分子 ATP，在某些擁有穩定濃度差的環境中，在某些能夠穩定地蓄積電化學勢能的地方，一些偶然的因素造就了某些小分子胺基酸不經意地組合成為非生命意義的大分子蛋白質（巧合地類似於生物體中的 ATP 合成酶），擁有了類似於 ATP 合成酶的蛋白質、穩定的電化學勢能，ATP 這種生命的能量貨幣得以源源不斷地產生，在這樣一個非生命的

狀態下，能量從熵增的狀態逐漸被 ATP「看管」，慢慢呈現出熵減的特點，不受拘束的小分子能量包也能夠以 ATP 為媒介與大分子能量塊有序地進行轉化，能量在小分子能量包與大分子能量塊的相互轉化中被進一步收服，為以負熵為生的細胞能量體和多細胞能量系統的產生打下堅實基礎。

四、「從大分子能量塊到細胞能量體、多細胞能量系統」──能量被有機生命體收服

　　雖然我們有證據證明地球上的能量確實可以有「亂撞的能量─小分子能量包─大分子能量塊」這樣熵減的演進基礎與可能，並且找到化學滲透理論這種靈活、高效的能量轉化原理，但是進一步思考，地球上的有機生命體真的能夠在這樣（化學滲透原理）的能量條件下產生嗎？換句話說，如果我們把有機生命體比作「能量體」、「能量系統」，那麼這樣的「能量體」、「能量系統」真的能夠利用化學滲透原理在「小分子能量包」和「大分子能量塊」的基礎上產生嗎？實事求是地講，這個問題目前還沒有確定的答案。但是近來的一些研究提供了一些很有說服力的視角。比如，存在這樣一種可能性：首先累積氫離子濃度，然後利用氫離子的流動衝擊 ATP 合成酶，這種看起來特別精巧的策略，可能反而是地球生命最早、最原始的能量來源。2016 年，德國杜塞爾多夫大學的科學家威廉·馬丁（William Martin）分析了現存地球生物 600 多萬個基因

的 DNA 序列，從中確認有 355 個基因廣泛存在於全部主要的生物門類中。根據這項研究，馬丁推測，這 355 個基因應該同樣存在於現在地球生物的最近普適共同祖先（Last Universal Common Ancestor, LUCA，見圖 1-6）體內，並且因為它們有著極端重要的生物學功能，從而得以跨越接近 40 億年的光陰一直保存至今。在這 355 個基因裡，便有 ATP 合成酶基因的身影。與之相反，在現存地球生物體內負責驅動其他 ATP 合成途徑的酶，如催化葡萄糖分解為乳酸或酒精，從而製造 ATP 的那些蛋白質，卻不見蹤影。

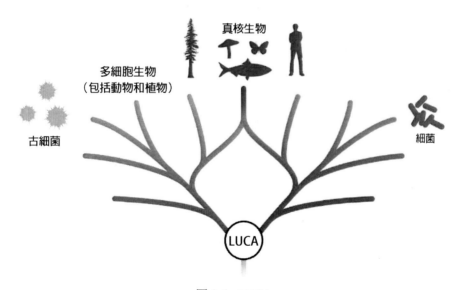

圖 1-6　LUCA

　　根據這個推論，地球生命的祖先已經掌握了利用氫離子濃度差製造 ATP 的能力。但是要注意，祖先似乎沒有掌握製造氫離子濃度差的

 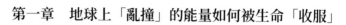

能力，因為在這 355 個基因裡，並沒有找到能夠將氫離子從低水位泵向高水位的酶。也就是說，祖先只能被動地利用環境中現成的氫離子濃度差。在遠古地球環境裡，有沒有可能存在現成的氫離子濃度差呢？答案也許來自深海。2000 年年末，科學家在研究大西洋中部的海底山脈時，偶然發現了一片密集的熱泉噴口（見圖 1-7）。這片被命名為「失落之城」（Lost City）的熱泉與已知的所有海底火山不同，它噴射出的不是高溫岩漿，而是 40 ～ 90℃的、富含甲烷和氫氣的鹼性液體。而鹼性熱泉能夠提供幾乎永不衰竭的氫離子濃度差！遠古海洋的海水中溶解了大量的二氧化碳，應該是強酸性的。因此，當鹼性熱泉湧出「煙囪」口，和酸性海水相遇的時候，在兩者接觸的界面上就會存在懸殊的酸鹼性差異，而酸鹼性差異其實就是氫離子濃度差異。更奇妙的是，人們還發現，熱泉「煙囪」口的岩石就像一大塊海綿，其中布滿了直徑僅有幾微米的微型空洞。2012 年，馬丁和英國倫敦大學學院的尼克·連恩（Nick Lane）提出過一個很有意思的假說。他們認為，這些像海綿一樣的岩石其實可以作為原始「水壩」，維持氫離子濃度差。這樣一來，化學滲透和生命起源這兩件看起來毫不相關的事情居然有可能是緊密連結在一起的！也許在遠古地球上，正是在鹼性熱泉口的岩石孔洞中，氫離子穿過原始水壩的流淌，為生命的出現提供了最早的生物能源。我們的祖先正是利用這樣的能源組裝蛋白質和 DNA 分子，建造了更堅固的水壩蓄積氫離子，繁衍生息，最終在這顆星球的每個角落開枝散葉。換句話說，其實不是今天的地球生命不約而同地選擇了化學滲透，而是化學滲透催生了地球生命的出現。而當我們的祖先掌握了利用化學滲透製造能量的技能之後，他

們也就同時掌握了遠離熱泉口這塊溫暖襁褓的能力，因為祖先已經不再需要現成的氫離子濃度差和天然的岩石水壩來製造能量了。此時的他們擁有了能夠運輸氫離子的水泵，能夠穩定儲存氫離子的水壩，能夠製造 ATP 的水力發電機，甚至還能將能量儲存在諸如葡萄糖這樣的營養物質中長期備用。3、40 億年彈指一揮間，當今天的地球人類在飽餐一頓之後出門上班、穿上慢跑鞋開始運動、坐上飛船飛向茫茫太空的時候，在幕後默默支持我們的，仍舊是氫離子永不停歇的流淌和化學滲透閃爍的永恆光輝。

圖 1-7　深海熱泉噴口

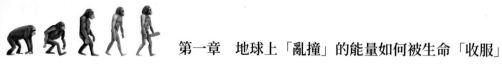

第二章

從 RNA 到真核生物的演化

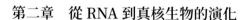
本章希望從物質的角度帶領大家領略生命演化的無窮魅力。

一、生命的特質 ── 自我複製與資訊儲存

從物質的角度思考生命，生命有兩個重要特質 ── 自我複製與資訊儲存。

組成生命的物質確實太普通、太脆弱，水、鹽、糖、脂質、蛋白質、核酸，簡簡單單六類物質的有機組合，沒有特別的生命物質，更不存在所謂的永恆不滅，就是這些不太起眼的化合物造就了已經在地球上存在了 40 億年的生命，不禁讓人感慨，生命簡直就是悖論式的存在。

是什麼讓由普通物質組成的生命變成了永恆不滅？答案其實簡單至極：自我複製。

沒錯，就是自我複製，一種非精確的「製造相似」的特點成就了地球上的生命。試想一下，如果沒有自我複製，怎麼可能有地球的生機勃勃？

地球的環境絕對不適合由這些脆弱物質組成的生命生存。火山爆發、地殼變動、雷電交加，甚至地球上的氧氣，都是輕易可以造成物質毀滅、生命死亡的條件。面對如此惡劣的生存條件，自我複製就成了地球生命永存不息的保障性基礎 ── 以自身為樣本，不停地製造出和自己相似但又不完全一樣的後代。後代越來越多，就保證了即便其中一些

因為意外事故——不管是火山、地震還是雷電——死去，還有足夠的個體能存活下來延續種群。而更重要的是，自我複製為生命現象引入了變化，這種變化大多數時候難以察覺，但有些時候也可以驚天動地，無論如何，在自我複製過程中產生的變化總是快過地球環境動輒以千萬年計數的變化。也正因為這樣，地球上的生命來了又走，樣貌也千變萬化。科學家的估計是，在這顆星球上，可能已經有超過 50 億個物種誕生、繁盛，然後靜悄悄地死去。但是生命現象本身卻頑強地走過了 40 億年的風霜雨雪。當然，在自我複製中出現的這些不怎麼引人矚目的細微變化本身談不上什麼對錯，也沒有什麼方向性可言。不夠精確的自我複製，其實是提供了大量在地球環境中「試錯」的生物樣品。誰能活下來，誰能繼續完成新一輪自我複製，誰就是勝利者。是地球環境的緩慢變遷決定了不同時刻的勝利者，也因此最終塑造了生物演化的路徑。以地球上的氧氣為例：從 6 億年前到今天，大氣中氧氣的含量始終在上下波動。但是如果時間尺度放得更寬，我們會發現氧氣甚至不是地球上從來就有的大氣成分。在 46 億年前地球形成的時候，大氣的主要成分是二氧化碳、氮氣、二氧化硫和硫化氫。直到差不多 25 億年前，第一批能夠利用陽光的細菌出現在原始海洋中，利用太陽光的能量分解大氣中的二氧化碳，並以其中的碳原子為食，這才製造出了氧氣。對於今天的地球生命無比重要的氧氣，其實在當時只是某些生命活動的副產品。更可怕的是，這種全新的化學物質還毒死了當時地球上幾乎所有的生物！但是與此同時，災難性的「大氧化」事件卻為未來那些以氧氣為生、更複雜多樣的生命開啟了繁盛的大門，受益者包括海藻、樹木、魚和人類。

能夠在無氧大氣裡生息繁盛的生命和在氧氣中自在生活的生命並無高下之別，僅僅是由於地球環境的變化讓前者死去、後者存活罷了。因此，自我複製的兩個看起來似乎自相矛盾的特點保證了地球生命的永續。對自身的不斷複製保證了生命不會因一場意外而徹底毀滅，而自我複製過程中出現的錯誤，則幫助生命適應了地球環境的變化。

　　那麼，自我複製本質上到底複製了什麼？自我複製又是怎樣發生的呢？

　　以現有複雜生命的物質組成作為起點向生命的起源方向進行推測，我們可以假設出一個極端簡化的生命 —— 只有一個蛋白質分子的生命（現有複雜生命中，作為生命活動承擔者和展現者的物質就是蛋白質）。接下來，我們以這個極端簡化的生命作為基礎，探討一下自我複製的原理。

　　還記得上一章提到的 ATP 合成酶嗎？如果極端簡化的生命以「只有一個蛋白質分子」的形式出現，那麼 ATP 合成酶無疑是最有資格入選的了（因為它的存在，生命才有機會使用地球上肆虐無拘的能量），我們暫時把 ATP 合成酶這個「生命」定義為「原始生命猜測版」吧。這個古老的蛋白質分子尺寸很小，僅有幾個奈米，卻蜷曲折疊成一個複雜的、帶有三個葉片和一個管道的三維結構，透過飛速旋轉不停地生產 ATP。有了它，「原始生命猜測版」就可以製造 ATP 分子，然後用 ATP 來驅動各種生命活動。但是「原始生命猜測版」是難以實現自我複製的。從上一章中我們知道，ATP 合成酶有一個極端精巧和複雜的三維立體結構，每個維度上原子排列的精確度達到零點幾奈米的水準。且不說想要分毫不差

地複製一個這樣的結構非常困難，即便是想要看得清楚一些都不容易。在今天人類的技術水準下，要看清楚 ATP 合成酶的每一個原子需要動用最強大的 X 光繞射儀（X-ray diffractometer, XRD）和電子顯微鏡，而想要複製出這樣一個結構還是科幻想像的範疇。我們大概可以說，要想精確地複製「原始生命猜測版」，可能需要一架比「原始生命猜測版」體形更龐大、更加複雜和精密的機器才做得到。可是在剛剛出現「原始生命猜測版」的遠古地球上，去哪裡找這樣的複雜機器呢？難以自我複製的「原始生命猜測版」注定要孤獨一生，而且它的一生一定非常短暫。為了解開自我複製的技術難題，生命體顯然需要一種方法，能更簡單、精確地記錄和複製自身，而不是去記錄和複製一個複雜三維結構的每一點空間資訊。否則，太繁瑣，也太容易出錯了。

看來，從物質自我複製的角度，生命的起源不會是「一個蛋白質分子」。不過，我們還是可以沿著生命物質的這一特徵繼續探索 —— 最早的極簡生命應該是一種結構更為簡單、複製更為方便，且能夠控制蛋白質合成（畢竟對於現有複雜生命來說，蛋白質才是生命活動的承擔者和展現者）的物質，我們把這個在「原始生命猜測版」基礎上進一步推理出的原始生命定義為「原始生命推理版」。

從生命的中心法則（一套幾乎所有現存地球生命都在使用的運轉規律，這個法則既保證了物質中資訊的世代流傳，也保證了每一代生命體實現自身的生命機能，如圖 2-1 所示）反向推理，能夠入選「原始生命推理版」的可能物質有兩種 —— DNA 和 RNA。

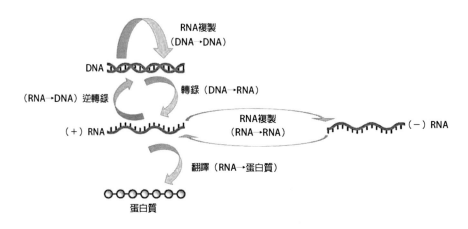

圖 2-1　中心法則

　　與蛋白質相比，DNA 分子的化學構成非常簡單，就是由四種脫氧核苷酸分子環環相扣串起來的一條長長的鏈條。它的祕密隱藏在四種脫氧核苷酸分子的排列組合順序中。在今天的地球生命體內，DNA 長鏈按照三個脫氧核苷酸的排列順序決定一個胺基酸的原則，能夠忠實記錄任何蛋白質分子的胺基酸構成，當然也包括「原始生命猜測版」的 ATP 合成酶。人體中的 ATP 合成酶是由五千多個胺基酸分子按照某種特定順序串起來形成的蛋白質大分子。在三維空間中，這些胺基酸彼此吸引、排斥、碰撞、結合，形成了複雜、動態的三維結構。可想而知，只要我們能記錄下這五千多個胺基酸分子的先後順序，然後依照這個順序去組裝 ATP 合成酶分子就行了，它可以自己完成在三維空間的折疊扭曲。這樣一來，三維空間的資訊就被精簡成了一維，只是一組順序排列的胺基酸分子而已。在今天的絕大多數地球生命中，三維到一維的資訊簡化是

透過 DNA 分子實現的。DNA 作為「原始生命推理版」，在自我複製時就不需要擔心複雜的 ATP 合成酶蛋白無法精細描摹和複製了，它只需要依樣畫葫蘆地複製一條 DNA 長鏈就可以，因為 DNA 長鏈本身的組合順序已經忠實記錄了 ATP 合成酶的全部資訊，如圖 2-2 所示。而與此同時，我們可以想像，複製一條可以看成是一維的 DNA 長鏈，要比直接複製 ATP 合成酶的精細三維結構省心省力得多。

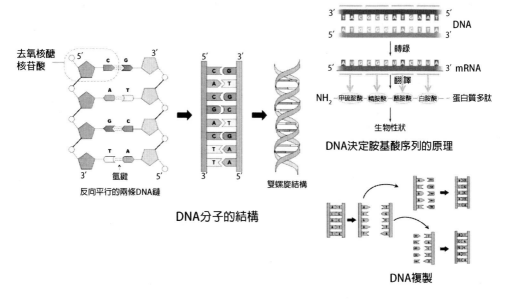

圖 2-2　DNA 分子的結構、DNA 決定胺基酸序列的原理及 DNA 複製

1950 年代，詹姆斯・華生（James Watson）和弗朗西斯・克里克（Francis Crick）利用羅莎琳・富蘭克林（Rosalind Franklin）獲得的 X 光繞射圖譜建立了 DNA 的雙螺旋模型，並且幾乎立刻猜測到了 DNA 是

如何進行自我複製的。簡單來說，DNA 複製遵循的是「半保留複製」的機制。就像蛋白質是由 20 種胺基酸組合而成的，DNA 也有它獨有的原料：4 種不同的核苷酸分子（可以簡單地用四個字母 A、T、G、C 指代）。每條 DNA 鏈條都是由這 4 種分子首尾相連組成的。特別重要的是，A、T、G、C 這 4 種分子能夠兩兩配對形成緊密的連接：A 和 T，G 和 C（這個過程被稱為鹼基互補配對），因此可以想像，一條順序為 AATG 的 DNA 可以和一條順序為 CATT 的 DNA 首尾相對地配對組合纏繞在一起。這樣的配對方法特別適合 DNA 密碼的自我複製：AATG 和 CATT 兩條纏繞在一起的鏈條首先分離開來，兩條單鏈再根據配對原則安裝上全新的核苷酸分子，例如 AATG 對應 CATT，而 CATT 則裝配了 AATG，由此一個 DNA 雙螺旋就變成了完全一樣的兩個 DNA 雙螺旋。特別值得指出的是，DNA 的複製過程異常精確，在人體細胞中，DNA 複製出錯的機率僅有十億分之一，這就從原理上保證了它可以作為生命遺傳資訊的可靠載體。

按照這樣的分析，DNA 似乎非常適合作為「原始生命推理版」——與蛋白質相比，其結構更為簡單、複製更為方便，且能夠控制蛋白質合成（含有控制蛋白質合成的資訊）——但很遺憾，DNA 分子太穩定了，一根 DNA 長鏈既不可能自我複製，也不可能製造出 ATP 合成酶來，要想實現 DNA 分子的複製及控制蛋白質的合成，還需要一系列各種各樣蛋白質分子的催化與配合才行，如圖 2-3 所示。所以，即便在邏輯上，DNA 也不可能是「原始生命推理版」的備選。

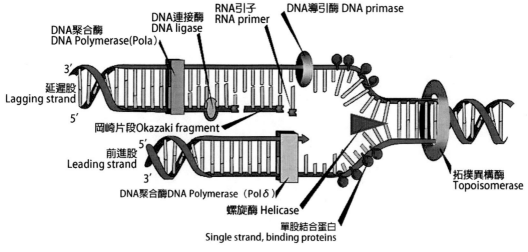

圖 2-3　DNA 複製所需的蛋白質

　　雖然 DNA 被排除了成為「原始生命推理版」的可能，但 DNA 本身的特點及其控制蛋白質合成的方式還是為我們解答了「自我複製本質上到底複製了什麼」和「自我複製是怎樣發生的」這兩個問題。我們可以這樣認為：

1. 物質自我複製本質上複製的是物質中貯藏的資訊，而物質能夠實現資訊儲存的原因在於組成物質的基本單位（如組成蛋白質的胺基酸、組成 DNA 的去氧核苷酸等）在種類、數目和排列順序上的多樣性。

2. 鹼基互補配對就是物質自我複製與資訊儲存相結合的靈魂所在，物質自我複製的過程、所貯藏資訊的傳遞、轉換與交流都有賴於鹼基互補配對。

　　沿著這個想法，我們可以來看看「原始生命推理版」的另一個備選
—— RNA。

二、「原始生命推理版」—— RNA

　　RNA（Ribonucleic Acid，核糖核酸）是一種酷似 DNA 的化學物質，
兩者的重要區別就是化學骨架上的一個氧原子。毫無疑問，與蛋白質相
比，RNA 分子的結構足夠簡單（核糖核苷酸鏈，且與 DNA 不同，大部
分 RNA 是單鏈結構），複製也很方便（同樣可以利用鹼基互補配對的方
式進行複製），控制蛋白質的合成更是沒有問題（運用核糖核苷酸中貯藏
的資訊控制蛋白質的合成），與 DNA 相比，我們需要進一步探索的問題
是：RNA 是否有能力實現完全的自我複製過程，即在不需要蛋白質分子
的條件下，RNA 分子本身進行自我複製。

　　生命的中心法則告訴我們，當生命開始活動的時候，儲存在 DNA
中的資訊首先被忠實地轉錄到 RNA 分子上，然後 RNA 分子再去指導蛋
白質的裝配，最終的生命現象主要由蛋白質承擔。生命中物質的這種運
行規律也讓我們好像看到了生命起源的曙光。事實上，早在 20 世紀中
葉，當 DNA → RNA →蛋白質這套遺傳資訊傳遞的中心法則剛剛被提出
的時候，就已經有人注意到了這個問題。例如 1968 年，DNA 雙螺旋結
構的發現者之一克里克就在一篇文章中大膽地猜測，也許 RNA 才是最
早的生命形態。他甚至說：「我們也不是不能想像，原始生命根本沒有

蛋白質，而是完全由 RNA 組成的。」

　　但是曙光與猜測畢竟是想像層面的東西，想要獲得科學的結論，還得需要在自然界或者實驗室裡進行驗證。1978 年，30 歲的生物化學家托馬斯・羅伯特・切赫（Thomas Robert Cech）來到美國科羅拉多州的邦德（Bond）建立了自己的實驗室。他的研究興趣和中心法則有密切的關係。我們知道，在遺傳資訊的流動中，RNA 是承接在 DNA 和蛋白質之間的分子，它轉錄了 DNA 的資訊，然後以自身為藍圖，指導蛋白質的裝配。不過早在 1960 年代，人們就已經發現，RNA 密碼本其實並不是一字不差地轉錄了 DNA 分子的資訊。例如，DNA 中往往會寫著大段大段看起來沒有什麼特別用處的「廢物」字母〔它們的學名叫做「內含子」（Intron）〕。在轉錄 DNA 資訊的時候，生物會首先老老實實地轉錄這些「廢物」字母，之後再將它們刪除，整理出更精簡、更經濟的 RNA 分子。切赫當時的興趣就是研究這種被叫做「RNA 剪接」—— 也就是如何將廢物字母刪除的現象。

　　他使用的研究對象是嗜熱四膜蟲（Tetrahymena thermophila），這是一種分布廣泛的淡水單細胞生物，很容易大量培養，並且個頭很大（直徑 30 ～ 50 微米），很方便進行各種顯微操作。而研究 RNA 剪接也是分子生物學黃金年代裡熱門的話題之一，畢竟它關係到遺傳資訊如何最終決定了生物體五花八門的生物活動和性狀。一開始，切赫的目標是很明確的。他已經知道，在四膜蟲體內的 RNA 分子中段有一截序列沒有什麼作用。這段被稱為「中間序列」的無用資訊，在 RNA 剛剛製造出來之後很快就會被從中間剪切掉。而這個過程是怎麼發生的呢？切赫希望利

用四膜蟲這個非常簡單的系統來進行研究。他的猜測也很自然：肯定有那麼一種未知的蛋白質，能夠準確地識別這段 RNA 中間序列的兩端，然後一刀切斷 RNA 長鏈，再把兩頭縫合起來，RNA 剪接就完成了。為了找出這個未知的蛋白質，切赫的實驗室使用了最經典的化學提純方法。他們先準備了一批尚未切割的完整 RNA 分子，再加入從四膜蟲細胞中提取出來的蛋白質混合物「湯」。那麼顯然，RNA 分子應該會被切斷和縫合，從而完成 RNA 剪接。他們的計畫是，把蛋白質「湯」一步一步地分離、提純，排除那些對 RNA 剪接沒有影響的蛋白質，那麼最終留下的應該就是他們要找的那個負責剪接 RNA 的蛋白質了。但是，他們的嘗試剛一開始就差點夭折。因為切赫發現，RNA 分子加上蛋白質「湯」確實會很順利地啟動剪接。但是即便什麼蛋白質都不加，RNA 分子也同樣實現了剪接！任何一個受過起碼的科學訓練的人都明白，這個現象是多麼令人沮喪。什麼都不加的 RNA 分子也能實現剪接，看起來只有兩種可能性：

第一，切赫他們製備的 RNA 已經被汙染了，裡面混入了能夠切割 RNA 的蛋白質，因此不管加不加東西，RNA 分子都被剪接了；

第二，切赫他們看到的這個現象根本就不是 RNA 剪接，而是一種不知道是什麼的實驗錯誤，因此加不加其他蛋白質，他們看到的都不是剪接。

不管是哪種解釋，眼看著這個實驗就做不下去了。於是，切赫他們嘗試了各種各樣的辦法來改進實驗。他們首先假定自己的純化功夫確實不到位，RNA 被汙染了，因此想要從裡面找出「汙染源」是什麼，沒

成功；後來他們往純化出的 RNA 分子裡加上各種各樣破壞蛋白質活性的物質，試圖停止 RNA 的剪接，發現也不成功；他們甚至還做了更精細的化學實驗，來研究 RNA 到底是怎麼被剪接的、發生了什麼化學修飾……終於，到了 1982 年，切赫他們乾脆放棄了對 RNA 分子各種徒勞的提純，直接在試管裡合成了一個新的 RNA 分子。然後，利用這條理論上不可能存在汙染的純淨 RNA，他們終於可以明白無誤地確認，這條 RNA 在什麼外來蛋白質都沒有的條件下，仍然固執地實現了自我剪接，把那段沒用的中間序列切割了出來。

事情已經無庸置疑：根本不存在那種看不見摸不著又總是頑固地剪接 RNA 的蛋白質，RNA 可以自己剪斷和黏連自己！說得更炫酷些，RNA 分子本身就可以和 DNA 一樣貯藏資訊，同時也可以像蛋白質一樣催化生物化學反應，在切赫的例子裡，這個化學反應就是對自身進行切割和縫合。切赫將他們找到的這種新物質命名為「核酶」（ribozyme，兼具核酸和酶的功能之意，如圖 2-4 所示），這個注定要名垂青史的偉大發現也獲得了 1989 年的諾貝爾化學獎。

核酶的概念讓原始生命完全由 RNA 組成的猜測脫離了想像層面，我們可以在切赫偉大發現的基礎上進一步假設：原始地球上有一個這樣的 RNA 分子，它自身攜帶遺傳資訊，同時又能催化自身的複製（相比剪接，這當然是一種複雜得多的生物化學反應），那不就可以實現遺傳資訊的自我複製和萬代永續了嗎？對於偉大的生命起源來說，DNA 和蛋白質不過是錦上添花的點綴而已！

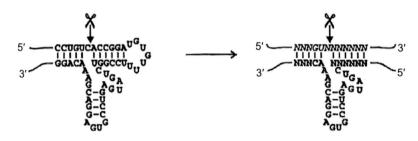

圖 2-4　核酶

　　不得不承認，這個假設還是有些大膽的。要知道，雖然切赫發現的核酶確實實現了一點替代蛋白質的功能，但這個功能還是非常簡單的。而如果真要設想一種核酶能夠實現自我複製的功能，它必須能夠以自身為樣本，把一個接一個的核糖核苷酸按照順序精確地組裝出一條全新的 RNA 鏈條來。這個難度比起 RNA 剪接，簡直是工業革命與磨製石器的差別。不過沒過多久，科學家在研究細胞內蛋白質的生產過程時就意識到 RNA 的能力遠超過人們的想像。

　　我們知道，蛋白質分子的生產是以 RNA 分子為模板，嚴格按照三個核糖核苷酸分子對應一個胺基酸分子的邏輯，逐漸組裝出一條蛋白質長鏈的過程。這個過程是在一個名叫「核糖體」的工廠裡進行的。而從 1980 年代開始，人們在研究核糖體的時候逐漸意識到，這個令人眼花撩亂的複雜分子機器，居然是以 RNA 為主體形成的！在細菌中，核糖體工廠的工作人員包括五十多個蛋白質，以及三條分別長達 2,900、1,600 和 120 個核糖核苷酸分子的 RNA 鏈。這些 RNA 鏈條上的關鍵崗位對於決定蛋白質生產的速度和精度至關重要。

　　既然連蛋白質生產這麼複雜的工作 RNA 都可以勝任，那還有什麼理由說，在生命誕生之初，RNA 分子就一定不能做到自我複製呢？就是在這樣大膽的想法指引下，全世界展開了發現、改造和設計核酶的競賽。我們當然沒辦法看到地球生命演化歷史上第一個自我複製的核酶到底是什麼樣子的，但是如果人類科學家能在實驗室裡人工製造出一個能夠自我複製的核酶，我們就有理由相信，具備同樣能力的分子在遠古地球上出現並不是什麼天方夜譚。

　　2001 年，美國麻省理工學院的科學家成功製造出了一種叫做 R18 的、具有部分自我複製功能的核酶分子，如圖 2-5 所示，第一次證明核酶確實不光能「磨石頭」，還真的可以引發「工業革命」！當然，R18 的功能還遠不能和我們假想中的那個既能貯藏資訊又能自我複製的祖先 RNA 相比，R18 僅僅能夠複製自身不到 10% 的序列，而我們的祖先一定需要 100% 複製自身的能力，但這畢竟是一個概念上的巨大突破。要知道，既然人類科學家可以在短短幾年內設計出一個具備初步複製能力的核酶，那麼我們就沒有理由懷疑，無比浩瀚的地球原始海洋在幾億年的時間裡會孕育出一個真正的祖先核酶。

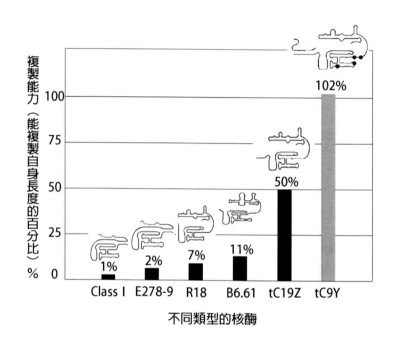

圖 2-5　人工設計核酶的進展

　　在這一系列激勵人心的科學發現中，克里克 1968 年的假說重新被人們翻了出來，而到了 1986 年，另一位諾貝爾獎得主、哈佛大學的華特・吉爾伯特（Walter Gilbert）更是正式扛起了「RNA 世界」理論的大旗，要替 RNA 搶回地球生命的「發明權」了。這可能是最接近真相也最能幫助我們理解生命起源的理論了。這個理論的核心就是，RNA 作為一種既能夠儲存遺傳資訊又可以實現催化功能的生物大分子，是屹立於生命誕生之前的指路明燈。可能在數十億年前的原始海洋裡，不知道是由於高達攝氏數百度的深海水溫、刺破長空的閃電，還是海底火山噴發出的高濃度化學物質，數不清的 RNA 分子就這樣沒有緣由地被生產出來，

飄散，分解。直到有一天，在這無數的 RNA 分子（也就是無窮無盡的鹼基序列組合）中，有這樣一種組合，恰好產生了自我複製的催化能力。於是它甦醒了，活動了，無數的「後代」被製造出來了。這種自我複製的化學反應所產生的大概還不能被叫做生命，因為它仍然需要外來的能量來源，它還沒有以負熵為生的高超本領。但是，它很可能照亮了生命誕生前最後的黑夜，在它的光芒沐浴下，生命馬上要發出第一聲高亢的啼鳴。

三、從生命乍現到神通廣大的原核生物

按照「RNA 世界」理論，推理層面上，RNA 作為最原始的生命物質簡直實至名歸。可是，與今天地球生命的絕對統治者 —— DNA 和蛋白質相比，RNA 確實存在著很多局限：化學性質不夠穩定，複製過程中出錯率高，結構相對簡單（結構相對簡單也就預示著功能會相對單一）……所以也難怪在今天的地球上，對於絕大多數生物而言，RNA 反而成了一個中間角色，僅僅透過生硬地將 DNA 插入蛋白質中的資訊流動，宣示著自己曾經的無限榮光。僅僅在少數病毒體內，RNA 仍然扮演著獨一無二的遺傳資訊儲存者的角色。那麼，作為「原始生命推理版」的 RNA 分子是在什麼時候、又是如何轉化成了真正的「生命」呢？

透過前面我們對能量和物質的分析，這個問題看似簡單且必然，但回答起來卻非常不容易。根據我們的邏輯，最初形成的生命一定非常微

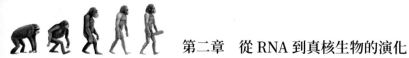

小、構造簡單，它們不可能像後來出現的大型生物那樣，有骨骼、牙齒那樣比較容易保存的組織，而只是由膜包裹的一些有機物。如果真的是這樣，它們有可能形成化石，保留到現在嗎？如果能夠找到化石證據，則說明我們的分析並非憑空想像。這個難題被科學家用很聰明的辦法解決了。藍細菌（Cyanobacteria）是一類可以進行光合作用的單細胞生物，在淺水處可以聚集，在砂石上形成菌膜。這些被菌膜黏附的沙子由於菌膜的覆蓋，可以免受水流的沖刷，因而能夠形成對應的結構，例如菌膜被水流掀起時，沙子就會和菌膜一起捲成筒狀結構。菌膜被沙掩蓋，上面又可以長出菌膜。這樣長期反覆地沉積，就會形成具有多層結構的疊層石（stromatolite）。

目前在地球上的許多地方，疊層石還在生成。如果我們在古代的沉積岩中發現疊層石和類似捲筒那樣的結構，就可以推斷出生命在這些沉積岩中的存在。帶著這個想法，美國科學家諾拉・諾夫克（Nora Noffke）在澳洲西部皮爾巴拉岩層（Pilbara terrane）中發現了疊層石，並且在這些結構中發現了可能是由菌膜捲曲而形成的筒型結構，如圖 2-6 所示。離疊層石稍遠的地方就沒有這些結構，說明它們很可能是由生物因素形成的。皮爾巴拉岩層的形成年代在 35 億年以前的太古宙（Archaean Eon），如果這些結構真是由當時的生物留下的，那就說明生物在地球上至少有 35 億年的歷史。用同樣的方法，諾夫克在南非的蓬戈拉超群（Pongola Supergroup，29 億年前形成）中也發現了類似的結構。

圖 2-6　澳洲西部皮爾巴拉沉積岩中的疊層石

　　不過，這只是間接的證據，還不能排除這些結構是由人類尚不知道的某些自然機制形成的，所以有可能只是在形態上和現代形成的疊層石相似。要證明這些結構的確是由生物形成的，還需要更多的證據。由於形成疊層石的藍細菌能夠進行光合作用，要從空氣中獲取二氧化碳，再利用二氧化碳中的碳元素來合成自身的有機物，是不是可以從這裡找到線索呢？科學家研究了光合作用過程中生物獲取碳元素的過程，找到了一個辦法，那就是碳元素的同位素分析。

　　同位素（Isotope）是原子核中具有相同的質子數（所以原子序數相同），而中子數不同的元素形式。地球上的碳有三種同位素，分別是碳 -12、碳 -13、碳 -14（碳後面的數字為相對原子質量，大約是質子數加中子數），其中絕大部分是碳 -12，占 99%，其次是碳 -13，占約 1%，而碳 -14 只有痕跡量。生物在進行光合作用時，對這些碳同位素並不是「一視同仁」的，而是「偏愛」最輕的碳 -12。這樣，在生物體內的有機物

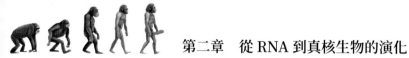

中，碳 -13/ 碳 -12 的比例就會比自然環境中低。如果在發現菌膜痕跡的地方又發現碳 -13 的比例低於環境中的，那就能夠有力地證明這些結構來源於生物。諾夫克測定了菌膜遺蹟處的碳同位素比例，再和周圍的碳同位素比例相比較，發現菌膜遺蹟處碳 -13/ 碳 -12 的比例的確明顯比周圍環境中低，這是對疊層石是由生物原因形成的有力的支持。

　　另一位美國科學家桃樂絲·阿赫勒（Dorothy Oehler）在南非的翁弗瓦赫特群（Onverwacht Group）測定了沉積岩不同深度中碳 -13/ 碳 -12 的比例，發現中層和深層的同位素比例和其他非生物來源的物質一樣，而具有生物痕跡的表層卻有異常低比例的碳 -13。翁弗瓦赫特群的沉積岩也有 35 億年的歷史，說明生物的出現也至少在 35 億年之前。用這些方法測定到的生物早期的痕跡還在南非的無花果樹群（Fig Tree Group）、格陵蘭的伊蘇阿（Isua）地區、澳洲西部的瓦拉伍那群（Warrawoona Group）等處發現。藍細菌是已經可以進行光合作用的（因而已經是比較複雜的）生物，自身營養充足，可以在淺水區大量繁殖形成菌膜，也就比較容易留下化石或痕跡。更原始的生物用其他方法獲得的能量較少，可能只以低密度的單細胞存在，也就難以形成化石或留下痕跡。由此推斷，最初的、更簡單的生物出現的時間應該比 35 億年前早得多。地球是大約 46 億年前形成的，而地殼的形成大約是在 44 億年前，所以我們有理由相信：從地殼的形成到生命的出現，中間應該不到 10 億年的時間。

　　在這不到 10 億年的時間裡，從「RNA 世界」到真正的「生命」產生（如果我們認為「RNA 世界」理論是真實的話）是如何實現的呢？從現有地球生命的結構進行推測，我們有理由相信，原始「細胞」的出現才是

真正「生命」產生的標誌，因為當前地球上的所有生命都是以「細胞」作為其結構與功能單位的（即使是沒有細胞結構的病毒，要想實現其生命的功能也必須依賴於細胞結構）。細胞結構的關鍵在於其存在著一堵「分離之牆」（即細胞膜），靠著這一層作為物理屏障的分離之牆，把能量分子和遺傳物質包裹在一個「封閉」且「開放」的環境中而形成一個較為完善的系統，這個系統既是與外界環境分隔開的，同時又能與外界環境進行物質和能量交流，在這個系統中，負熵的生命活動得以順利實現。

透過對現有細胞細胞膜的結構與成分進行分析發現，構成細胞膜的主要成分是一種特別的兩親分子（amphiphilic 或者 amphipathic molecules，分子上既有親水的部分，又有親脂的部分）——磷脂，如圖 2-7 所示。磷脂分子具有長長的親脂的「尾部」，又有一個親水的「頭部」，當把這種分子放到水中時，親脂的尾部由於不能與水混溶，彼此聚集在一起，透過倫敦分散力（London dispersion force, LDF）彼此吸引，形成一個脂性的內部，親水的頭部排列在外面，與水親密接觸，就可以在水中形成比較穩定的結構。那麼問題來了，在原始地球環境中，是否有條件產生兩親分子（可能是磷脂，也可能是一些類似磷脂的兩親有機物分子），是否有條件讓這些兩親分子在水中自發形成膜狀結構，從而形成最初的細胞呢？2001 年，美國太空總署（NASA）和加州大學聖克魯茲分校（UC Santa Cruz）的科學家合作，模擬太空中的狀況（類似於原始地球環境）來產生有機物。他們按照星際冰中物質的比例，混合了水、甲醇、氨和一氧化碳，在類似星際空間的溫度（15K，即絕對溫度15 度，相當於 -258℃）下用紫外線照射這個混合物。當被照射過的混合

物的溫度升到室溫時，有一些油狀物出現。把這些物質提取出來，再放
到水中時，發現它們形成了囊泡，直徑為 10 ～ 50 微米，與細胞的大小
相仿，如圖 2-8 所示。這個結果說明，在太空中形成（或在原始地球環
境中形成）的有機物中就有兩親分子，可以自發在水中形成囊泡結構，
這就使得原始細胞的形成成為可能。

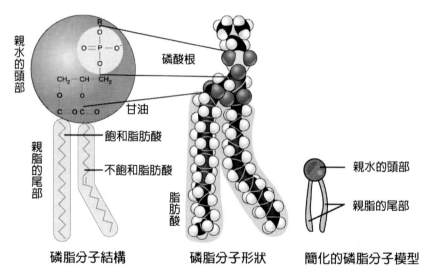

圖 2-7　磷脂分子

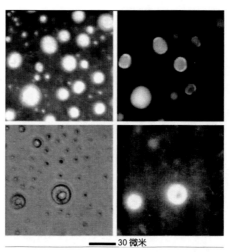

30 微米

圖 2-8　模仿太空條件產生的油狀物在水中形成的囊泡

在地球現有細胞結構中，原核細胞就與前文我們提到的原始細胞非常類似，也因此，我們認為由原核細胞構成的原核生物（Prokaryotes）極有可能是地球上出現最早，也是結構最簡單的生物。絕大多數原核生物都只由一個細胞組成，也就是它們基本上都是單細胞生物。原核生物的英文名稱中，pro- 表示「在……之前」，而 karyo- 是「核」的意思，所以原核生物這個名稱不是說這些生物有「原始」的細胞核，而是在有細胞核的生物出現之前的生物。有細胞核的生物叫做真核生物（Eukaryotes）。它們具有由雙層膜包裹起來的細胞核，裡面裝有遺傳物質DNA。我們的肉眼能夠看見的生物基本上都是真核生物，包括植物、動物和人類自己。現在地球上的原核生物分為兩大類，即細菌（Bacteria）和古細菌（Archaea）。它們都沒有細胞核，大小和形狀也相似，所以古細菌曾經被歸於細菌的範疇。

　　隨後的研究表明，古細菌核糖體中一種核糖核酸（16S rRNA）的核苷酸序列既不同於一般細菌，也不同於真核生物。此外，這種生物的細胞膜結構、代謝途徑、轉錄（把 DNA 中的資訊轉移到 RNA 分子上）和轉譯（把信使 RNA 中的資訊轉變為蛋白質中胺基酸的序列）所用的酶也和一般細菌不同。1976 年，美國科學家卡爾·烏斯（Carl Woese）在 16S rRNA 序列的基礎上，提出應該把細菌和古細菌分為不同的類別。現在這個分類法已經被科學界廣泛接受。

　　原核生物是最原始的生物，其構造簡單，「個頭」也很小，大多數直徑只有 1 微米（千分之一公釐）左右，用光學顯微鏡的高倍鏡頭才看得見。但是這不等於原核生物就是弱者。現在地球上的原核生物都已經有幾十億年的歷史，所以每種原核生物都已「身經百戰」（在「百」字後面還應該加很多零），個個「身手不凡」。在更高級的真核生物的強大競爭面前，它們不但沒有敗下陣來，而且還能繁榮昌盛。據估計，現在地球上光是細菌就有 12 萬～ 15 萬種，總數約有 5×10^{30} 個，總重 500 萬億噸。原核生物的生命力如此強大，自有其原因。

　　個頭小其實是它最大的優點。首先是它的繁殖速度。由於細胞小，表面積和體積的比例大，和周圍環境的物質交換迅速，外來的營養分子需要在細胞內的擴散距離也很短，能夠迅速到達所需要的地方，所以原核生物的繁殖速度很快。例如大腸桿菌每 20 分鐘就能夠繁殖一代，這使得它們在營養充足時，能夠迅速增加個體數量，搶占地盤。繁殖速度快意味著原核生物更新換代的速度很快，這樣它們就可以迅速地透過自然選擇來適應環境。原核生物可以在短時期內產生大量的個體，在惡劣

的條件下，雖然大部分個體不能生存，但是經常會有少數個體由於自然變異而存活下來，逐漸成為占主流的菌種。例如抗生素剛出現時，一度被認為是致病細菌的剋星，但是細菌很快便發展出對抗這些抗生素的能力，使得幾乎每一種抗生素都有能夠抵抗它的菌種。

對抗生素如此，對其他惡劣的環境也一樣，幾億年累積下來，就使得原核生物能夠適應各種非常嚴酷的環境。由於個頭小（1 微米的尺寸，比能夠進入我們肺泡的 PM 2.5 顆粒還要小），微風就可以把它們帶到全球，進入河湖海洋，還可以透過地下的水流到達地表以下幾公里的地方。再加上它們極強的適應能力，所以在地球上的絕大多數地方都有原核生物生存。世界上幾乎所有物體（無論是有生命的還是無生命的）的表面都有細菌。它們還在我們的鼻腔、口腔、腸道裡生存。所以原核生物可以說是「無處不在、無孔不入」。

原核生物的第二個優點是它獲得物質和能量的方式多種多樣，遠遠超出植物和動物的代謝方式。正因為它們是地球上最早出現的生物，它們最初可能是透過氧化現成的無機分子（如氫氣、氨、硫化氫、低價鐵）得到能量的，然後用這些能量從二氧化碳中取得碳原子以合成自己所需要的有機物。這種機制叫做化能合成作用（Chemosynthesis）。光合作用出現以後，大多數生物不再用這種方式來獲得能量，這反而給仍然使用化能合成的原核生物留出了空間，使它們在其他生物不能生存的地方找到了棲身之地。例如，現在地球上的硝化細菌可以把氨氧化成硝酸，硫桿菌可以把硫化氫氧化成硫酸，就是這些古老代謝方式的遺存。古老代謝機制的保留，再加上原核生物極強的演化和適應能力，使得原

核生物的代謝方式遠遠超過真核生物。有的像植物一樣,可以進行光合作用,從陽光中獲得能量,從二氧化碳中獲取碳元素,自己製造有機物,如藍細菌;有的像動物一樣,可以利用各種現成的有機物,如動物所喜歡的葡萄糖早就是細菌喜歡的食物,敗血症、肺結核、霍亂、傷寒等病症都是由於細菌在利用我們身體裡面的有機物。

　　動物和植物死亡後,遺體被迅速降解,主要是靠細菌的作用。美味的泡菜、豆腐乳、甜麵醬、優酪乳,都是細菌分解現成的有機物的產物。我們腸道裡的細菌則以我們吃進的食物為生。有的細菌甚至還能「吃」石油。原核生物代謝方式的多樣性還使得一些原核生物在極為嚴酷的環境中生存。從海底熱泉到極地冰層,從鹽湖到冷凝水,從深達上萬公尺的馬里亞納海溝到喜馬拉雅山山頂,從幾十公里的高空到地下幾公里的岩層,都能夠找到原核生物的蹤跡。嗜鹽菌(Halobacteria)可以在含鹽 25% 的鹽湖中存活,嗜酸古菌(Picrophilus torridus)能夠在 pH 為 0 的環境(相當於濃度 1.2 mol/L,也就是 18% 的硫酸)中生長,坎德勒氏甲烷嗜熱菌(Methanopyrus kandleri)甚至能夠在 122℃的溫度下繁殖,這相當於家用壓力鍋裡面的溫度!

　　原核生物如此神通廣大,除了個頭小和代謝方式多以外,最根本的原因是其真正掌握了生命以負熵為生的基本邏輯:能量運行的方式、物質交換的規律、結構建構的完善、環境變化的適應,還有化學反應的催化、遺傳資訊的傳遞、基因表達的調控……這一切顯然不是各種原核生物各自演化、碰巧一致的產物,而是從一個共同的祖先繼承下來的,這一切已經如此完善,以致後來的真核生物,包括植物、動物和我們人

類，都幾乎原封不動地繼承了它們，然後不斷進階而已。

四、真核生物的出現

如果說原核生物在地球上出現是地球上生物界的第一個大事件，那麼，大約在 22 億年前，也就是原核生物誕生後的約 13 億年，發生了地球上生物史中的第二個大事件 —— 真核生物誕生。在南非赫克普特（Hekpoort）地層中發現的杯形蟲（Diskagma buttonii）長 0.3 ～ 1.8 公釐，還有「根」將其固定在土壤上。碳同位素測定表明，它們和疊層石一樣，碳 -13 和碳 -12 的比例比周圍的岩石低，證明它們是生物來源的。這些化石的歷史比弗朗斯維爾生物群（Francevillian Biota）還要古老，距今已經有 22 億年，如圖 2-9 所示。這樣的結構是原核生物無法形成的，說明真核生物在 22 億年前就已經出現。在非洲西部加彭（Gabon）發現的、有 21 億年歷史的弗朗斯維爾黑色頁岩中，含有大量多細胞生物的化石，即弗朗斯維爾生物群，每平方公尺岩石可以含有多達 40 個動物化石，其中有些動物化石的直徑達到 12 公分。這些化石呈扁盤狀，中部為圓形結構，周圍有放射狀的結構。這也支持地球上真核細胞出現的時間不晚於 21 億年之前的結論。

圖 2-9　南非赫克普特地層中發現的杯形蟲化石切片

　　真核生物的細胞比原核生物的細胞（大約 1 微米）大得多，從幾微米到幾百微米。例如酵母菌的直徑為 4 ～ 50 微米；衣藻細胞長 10 ～ 100 微米；草履蟲長 180 ～ 280 微米；變形蟲的長度更可以達到 220 ～ 740 微米。要是把真核生物的細胞放大到一個房間那麼大，原核生物的細胞只相當於一個熱水瓶。在顯微鏡下，真核細胞最明顯的特徵就是有一個界限分明的、與周圍的細胞質分開的細胞核。根據這個特點，這些細胞被稱為真核細胞，由真核細胞組成的生物被稱為真核生物（Eukaryotes），其中 karyo- 是「核」的意思，而前綴 eu- 在這裡就是「真正」的意思。

　　不過光學顯微鏡的解析度受可見光波長（400 ～ 700 奈米）的限制，不能看清 1 微米以下的結構，所以在有更高解析度的顯微鏡發明之前，真核生物細胞中能夠被看清的結構就是細胞核。電子顯微鏡的發明使得科學家能夠看到小至 0.2 奈米的結構。在電子顯微鏡下，科學家發現，真核細胞不僅具有細胞核，而且還有其他被膜包裹的結構 —— 細胞器（organelle），包括粒線體、葉綠體（chloroplast）、高爾基體（Golgi

apparatus）、溶酶體（lysosome）、過氧化物酶體（peroxisome）等。對這些細胞器的研究發現，它們各有自己特殊的功能。

例如，細胞核是遺傳物質 DNA 的「藏身和工作之地」；粒線體是細胞的「動力工廠」，ATP 在其中合成；葉綠體是進行光合作用的地方；高爾基體和蛋白質的轉運有關；溶酶體是細胞的「資源回收站」，處理廢物，讓物資循環使用；過氧化物酶體處理對細胞有害的過氧化物等等。除了細胞器，真核生物的細胞內還有複雜的內部膜系統，分別叫做內質網（endoplasmic reticulum, ER）和高爾基體，它們是進行蛋白質合成、加工、分類的地方。由於細胞巨大，真核細胞還發展了自己的「骨骼系統」，以支撐和改變細胞的形狀。不僅如此，真核細胞還發明了自己的「肌肉系統」，即能夠產生拉力的蛋白質。即使是單細胞的真核生物，這些能夠產生拉力的蛋白質也在細胞分裂和細胞內的物質運輸上發生作用，這就為以後動物的運動系統準備了條件。為了將一些蛋白質運輸到特殊的目的地，真核細胞還發明了對生物膜「動手術」的蛋白質，讓生物膜可以形成小囊，再與目的地的膜融合。真核細胞的「骨骼系統」和「肌肉系統」使真核細胞能夠進行有絲分裂，使真核細胞在進行分裂時，幾十對染色體能夠被精確地分配到新形成的細胞中。此外，真核細胞還有很多新發明，包括對 DNA 結構和基因表達發生作用的組織蛋白（histone）、使得同一個基因可以形成多個蛋白質的內含子、更複雜完善的訊號傳輸系統等。真核細胞的這些新特點使得真核細胞可以走上細胞聯合和分工的道路，形成多細胞生物。

我們眼睛能夠看見的生物基本上都是真核生物。真核細胞的出現使

得地球上生物進一步發展成為可能……

第三章

生命資訊處理能力的演化史

本章希望從資訊的角度帶領大家領略生命演化的無窮魅力，我們將從宏觀層次和微觀層次兩個維度對生命應對環境繁複資訊從而產生適應的過程進行闡述。

一、宏觀層次：生命對環境中繁複資訊的有效應對策略

收服了混亂無序的能量，完成了自我複製的突破，實現了「分離之牆」（即細胞膜）的構建，在三個關鍵要素達成之際，生命水到渠成地以細胞的形式產生了。有了細胞這個相對獨立的小空間，生命就擁有了足以安身立命的基礎，但同時也自然而然地成了自然選擇的對象。在自然選擇的持續推動下，生命開始了其數十億年的壯麗演化。從生命產生之初到今天生機勃勃的數十億年間，生命無時無刻不在面臨一個相同且嚴峻的問題 —— 環境中紛繁複雜的資訊應該如何駕馭與適應？這是自然選擇的拷問，更是生命賴以發展的核心。

環境中的「資訊」無處不在且時刻變化：太陽升起與落下所帶來的光的變化是「資訊」、空氣的震動所帶來的聲波是「資訊」、腐爛屍體發出的帶有臭味的化學物質是「資訊」，還有地球的四季變遷、風霜雨雪、火山地震、潮起潮落……一切的一切對於生命來說都是與其休戚相關的「資訊」。那麼，面對如此繁複的「資訊」，生命如何與其交流互動，又如何具體應對呢？

　　這個看上去讓我們有些無從下手的問題其實在邏輯上一點都不複雜，靜心而思，面對複雜資訊時，生命可以選擇的道路其實也就兩條：一條是「以不變應萬變」的策略（即依然保持簡單的結構與功能狀態，應對地球上各種複雜的資訊與變化）；另一條是「以萬變應萬變」的策略（即演化出更為複雜的結構與功能，以此來適應地球上各種複雜的資訊與變化）。

　　從整個生物演化歷史、整個地球生物圈的時空尺度來看，「以不變應萬變」的實例俯拾即是：比如，不管從哪個尺度衡量，地球上最成功的生物仍舊是那些人眼看不見的單細胞原核生物。論數量，全世界有 70 多億人、200 多億隻雞（拜人類喜食雞肉所賜）、上千萬億隻螞蟻，而僅僅是單細胞細菌就有 10^{30} 個；論總重量，地球人類和地球螞蟻都有差不多 1 億噸，細菌則有 3,000～5,000 億噸；論物種的豐富程度，70 多億地球人同為人屬智人種，而整個人屬生物成功存活到今天的僅僅是智人這一個物種而已，連兄弟姐妹都沒有。而單細胞細菌呢？其物種總數到今天仍然是個謎，有科學家推測，至少有 1 萬種，而有的科學家則覺得一勺泥土裡可能就有這麼多細菌物種。

　　生命「以萬變應萬變」的應對策略也並不鮮見，地球上運用「以萬變應萬變」策略最成功的案例要首推真核生物向大型化方向的發展。在理論上，真核生物向大型化發展可以走兩條路線：單細胞變大變複雜，但是仍然保持為單細胞生物；細胞不變大，但是成為多細胞生物。這兩條發展路線都被真核生物採用了。

　　在真核生命發展的初期，「單細胞變大變複雜，但是仍然保持為單

細胞生物」這種真核生物向大型化的發展是一種水到渠成的必然。透過上一章的論述，我們知道真核細胞在地球上出現是生物演化史上的大事件，真核細胞不僅繼承了原核細胞創建的各種基本的功能，而且在粒線體所提供的能源的強力支持下，基因數量成倍增加，為更複雜的生命活動提供了所需的工具和方法。在此基礎上，真核細胞的個頭大大擴張，從原核細胞的 1 微米左右增大到幾十微米，體積增大了千倍以上。體積大了，又有新基因的支持，就有條件發展出細胞內的各種結構，包括細胞內膜系統、各種細胞器以及在肌肉、骨骼系統基礎上的運輸系統以及能夠使膜分離、融合的蛋白。如果說缺乏細胞器的原核生物基本上只有細胞內分子之間的分工，特別是 DNA、RNA、蛋白質之間的分工，那麼真核細胞就有了細胞內細胞器之間的分工。細胞核、內質網、高爾基體、溶酶體、粒線體、葉綠體等細胞器各司其職，分工合作，使真核細胞的基因調控、蛋白合成、貨物運輸、能量代謝、廢物回收等功能可以非常高效率地進行，而且在肌肉、骨骼系統提供的機械力的幫助下，還發展出了細胞主動變形、爬行、吞食這些原核細胞所不具備的新功能。

　　例如，變形蟲（Amoeba）和草履蟲（Paramecium）就是讓自己的身體變大，但是仍然保持為單細胞生物的典型代表，它們是真核細胞中的「巨無霸」。真核細胞的大小一般為 10～30 微米，而變形蟲和草履蟲可以大到 200～300 微米，體積是普通真核細胞的上千倍，更是一般細菌體積的 10 萬倍。它們不但能夠吞食細菌，還能夠吞食比細菌大得多的其他真核細胞，如藻類，可以看作是最早的動物。變形蟲可以伸出偽足俘獲細菌，有食物泡來消化吞進的細菌，還有收縮泡來排泄廢物。草履

蟲的構造更複雜，它有口溝用來吃東西，相當於動物的嘴和咽喉；有食物泡來消化食物，相當於動物的胃；有收集管和伸縮泡來收集和排出廢物，相當於動物的腎臟、膀胱和尿道；它還有纖毛，用來游泳，相當於動物的四肢。所以它們是真核細胞中當之無愧的「超級細胞」，如圖 3-1 所示。如果把細菌放大到人一般大小，變形蟲和草履蟲就像是上百公尺高的龐然大物，在細菌「眼」裡真是很可怕的。

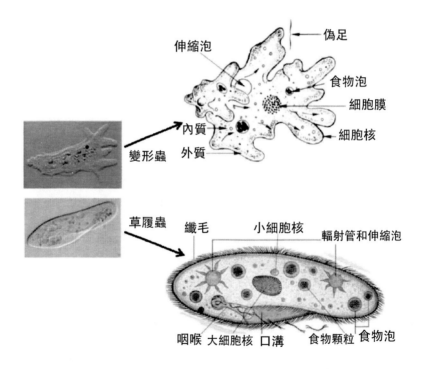

圖 3-1　變形蟲與草履蟲

變形蟲和草履蟲的例子表明，真核細胞的演化可以走「單細胞變大

變複雜，但是仍然保持為單細胞生物」這第一條路線。但有兩個問題必須得到解釋：其一，真核生物單細胞變大變複雜的原因是什麼？其二，真核生物在「單細胞變大變複雜，但是仍然保持為單細胞生物」這條路線上能夠走多遠？

　　我們先來看看第一個問題，一般認為真核生物單細胞變大變複雜的原因是具有吞食功能的真核細胞的出現，從此開始了捕食者與被捕食者之間永無休止的鬥爭。對於捕食者而言，身體大了，就能夠吞進更大的生物，食物的種類和來源就可以增加。對於被捕食者而言，身體大了，被捕食的機會就會降低。一種捕食者也可以被另一種捕食者捕食，如變形蟲就可以捕食草履蟲。如果自己的身體大到對方吞不下，生存的機會就會增加。2011 年，美國科學家在深達 1 萬多公尺的馬里亞納海溝的底部發現了巨大的單細胞生物 Xenphyophores，由於其身體上長滿皺褶，可以稱之為多褶蟲，它在海底緩慢爬行，像變形蟲那樣進食，因而又被稱為巨型阿米巴蟲。這是一類生活在深海海底的單細胞生物，其中的一個種類叫有孔蟲（Syringammina fragilissima），因其身體上充滿孔洞，身體直徑可達 20 公分。雖然多褶蟲和有孔蟲的發現證明了巨大的單細胞生物也可以存在，但是它們只能「躲」在深海這個事實也說明，走單細胞放大這條路有一定的限度，只有變形蟲和草履蟲那樣的大小才有競爭力。

　　更大的單細胞生物競爭不過體積相同的多細胞生物（其原因我們在上一章做過提示，即因為由於細胞小，表面積和體積的比例大，和周圍環境的物質交換迅速，外來的營養分子需要在細胞內的擴散距離也很

短），要發展出有效率、生命力強的大型生物，更好的途徑是走多細胞聯合這條路，其中的細胞還是在微米級，以滿足物質交換的需要。換句話說，在真核生物進一步演化的過程中，第二條演化路線，即「細胞不變大，但是成為多細胞生物」成了應對環境中繁複資訊和自然選擇的更具優勢的選擇。

大量細胞的聚集能夠帶給細胞新的優勢，包括體型的增大和細胞分工，所以細胞聯合是生物演化必然的趨勢。走多細胞聯合道路的真核生物很早就出現了。在南非赫克普特地層中發現的杯形蟲和有 21 億年歷史的西非弗朗斯維爾生物群中直徑達到 12 公分的動物化石都表明多細胞生物很早就已出現。不過這些化石過於古老，只有總體形態被保留，細胞結構已經不可辨。能夠看見細胞結構的化石是在加拿大北部 Somerset 島上發現的多細胞結構的紅藻化石，它已經有 12 億年的歷史。這些多細胞的紅藻不是簡單的多細胞細絲，而是有一定的形態，細胞的大小形狀也已經發生了分化。中國南京古生物研究所的朱茂炎研究員及其團隊在貴州甕福磷礦區埃迪卡拉紀（Ediacaran biota）陡山沱磷塊岩中發現了甕安生物群，這些生物出現在約 6 億年前，除了紅藻外，還有類似海綿的多細胞動物，被命名為貴州始杯海綿（Eocyathispongia qiania）。這些生物身體呈管狀，有進水孔和出水孔，而且發現了細胞分裂時形成細胞團的化石（見圖 3-2）。這些例子證明，無論是異養的真核生物（如貴州始杯海綿），還是自養的真核生物（如紅藻），都走上了多細胞聯合的道路。

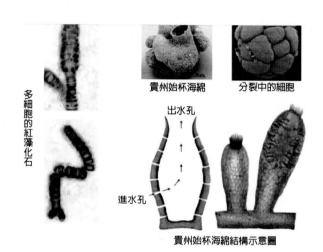

圖 3-2　多細胞紅藻化石與貴州始杯海綿化石

　　那麼，「細胞不變大，但是成為多細胞生物」這種真核生物向大型化方向發展的策略是怎樣出現的呢？答案的源頭應該是細胞分工。

　　生命的特點本身決定了單細胞生物注定是多面手（擅長多項技能），至少製造能量和自我複製就是兩個必不可少的功能。而根據日常經驗，多面手往往意味著哪方面都不是頂尖的高手。多細胞生物的出現為精細分工和專精一業提供了無限的可能。如果多細胞生物不是簡單地堆疊起一堆一模一樣的單細胞，僅僅靠尺寸取勝，而是每個細胞都有與眾不同的功能會怎樣？理論上說，一個三細胞生物就可以將自我複製、運動和獲取能量的功能完全分開。如果它的一個細胞長出一條長長的鞭毛用來游泳，一個細胞長出柔軟的嘴巴可以吞噬細菌，一個細胞專門負責不停地複製分裂以產生後代，這樣它生存和繁衍的效率會大大提高。當然，這僅僅是一種理論上的猜測而已。生物演化不是搭樂高玩具，暫且不說

這種三細胞生物會不會在自然史上出現，即便是出現了，也不一定會有生存優勢。但是多細胞分工的意義卻是實實在在的。

一個很有說服力的案例是運動和生殖的平衡。對於一個單細胞生物來說，運動和生殖還真的就是魚和熊掌不可兼得的兩種能力，至少不能同時具備。這裡的玄機在於，不管是生殖還是運動，本質上都需要將生物體儲存的能量轉換為力。在細胞分裂時，遺傳物質的移動和分配需要力，鞭毛的擺動當然也需要力。而在兩種看起來不相關的生命活動背後，產生具體作用力的基本生物學機器其實是通用的。具體來說，一種叫做微管（microtubule）的蛋白質可以在細胞內組裝長長的、堅固的細絲。在細胞分裂的時候，長長的微管能夠把兩份一模一樣的 DNA 分別牽引到細胞的兩端，保證分裂出的後代都有一份珍貴的遺傳物質，而負責游泳的、長長的鞭毛也是由微管形成的。這個一物二用的想法是非常自然的，在生物演化的歷史上出現過許多次舊物新用的情景。畢竟，為已經存在的蛋白質安排一個新功能，要比演化出一個全新的蛋白質容易得多。

但是一物二用也產生了魚和熊掌不可兼得的矛盾：單細胞生物在游泳的時候就沒辦法分裂，在分裂的時候就不能覓食。可想而知，如果運動和生殖機能能夠徹底分工，一部分細胞專門負責運動，另一部分細胞專門負責生殖，這樣一來，兩種極端重要的生物學功能就不需要互相干擾了 —— 當然，這一點只有在多細胞生物中才可以實現。一種叫做團藻（Volvox）的多細胞生物非常生動地說明了運動和生殖分工的優勢。每個多細胞團藻中有且僅有兩種細胞形態 —— 數萬個個頭較小、長著鞭

毛的體細胞和十幾個個頭很大、沒有鞭毛、專門負責複製和分裂的生殖細胞，如圖 3-3 所示。體細胞組成了一個大大的球體，數萬根鞭毛的規律擺動讓團藻可以在水中輕捷地運動，而被保護在內部的生殖細胞就可以毫不停歇地專心複製、分裂，進行繁殖。

　　當然，團藻的細胞分工是非常粗淺的，但是運動和生殖的分工卻可能代表著地球生物演化歷程中最基本也是最重要的一次分工。在團藻的身後，多細胞生物的組成單元被永久性地區分成了專門負責產生後代和專門負責維持生存的兩種細胞。生殖細胞（也就是專門負責產生後代的細胞）從某種程度上依然保持著單細胞生物的本質。它們有機會永生不死，可以持久地複製分裂，按照自己的樣子製造出一個又一個後代，它們的後代又繼續自我複製和分裂。而除了生殖細胞之外，所有負責維持生存的細胞（也就是體細胞）都注定轉瞬即逝。它們在誕生後只有至多一個生物世代的壽命。當一個多細胞生命死去的時候，它所攜帶的所有體細胞都會隨之煙消雲散。

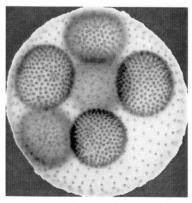

圖 3-3　團藻

　　這場開始於十幾億年前的細胞分工，對於生命本身產生了極其深遠的意義 —— 透過大量細胞的自我「犧牲」，為永生不死的生殖細胞創造了生存空間，從而保障了生命體的延續與「永存」。對於多細胞生物而言，細胞分工為地球生命應對繁複的環境資訊、產生更複雜的功能提供了基礎。體細胞永久性地失去了生殖能力，因此也就不需要擔心為分裂增殖需要保持什麼樣的形態、合成什麼樣的蛋白質，或者維持多長的壽命。這給了它們足夠的空間演化出花樣繁多的形態和功能。我們的身體裡有 200 多種巧奪天工的細胞類型，它們之間的差異大到看起來都不像是同一種東西，但正是它們之間的精妙配合維持著我們的生存和繁衍。

　　舉兩個例子，大家可能都知道彎彎曲曲的小腸是人體吸收營養物質最重要的器官，當營養物質經過小腸的時候，胺基酸、脂肪酸、葡萄糖等分子可以穿過小腸內壁的細胞進入身體的循環系統。因此，小腸內壁的細胞有兩個獨特的性質。首先，它們彼此間緊密連接，相鄰的兩個小腸上皮細胞（見圖 3-4）之間由大量的蛋白質「鉚釘」緊緊綁定在一起，構成了小腸內容物和身體循環系統之間的屏障，阻止小腸內部的食物殘渣和細菌進入人體。其次，小腸上皮細胞向內的一側還長出了密密麻麻的突起，以增加和營養物質的接觸面積，提高吸收營養物質的能力。為了保障這兩個特性的實現，絕大多數小腸上皮細胞根本就沒有繁殖能力，它們從出生的那刻起就不知疲倦地幫助人體吸收營養物質，直到四五天後細胞老化或破損，徹底消失。而小腸上皮細胞的補充僅僅發生在小腸上皮的凹陷處被稱為腸隱窩（intestinal crypt）的結構中。

　　在這裡，上皮幹細胞能夠活躍地分裂增殖出新生的上皮細胞，而這

些新生細胞則立刻開始沿著小腸內壁向外遷移，以替換衰老死亡的上皮細胞。也就是說，即便是在小腸上皮這種看起來結構和功能都相對單一的系統裡，也存在著不同細胞類型之間功能的取捨。為了充分地發揮屏障和吸收營養的作用，絕大多數小腸上皮細胞也需要放棄自身分裂增殖的能力。說到細胞功能分化，最極端的例子可能是紅血球。在包括人類在內的哺乳動物體內，紅血球乾脆就沒有細胞核和任何遺傳物質，也就是說，從根本上放棄了繁殖的能力。實際上，新生的紅血球是有細胞核的，但是在它們離開骨髓進入血液前，紅血球會擠出細胞核，變成大家熟悉的中心薄、周圍厚的圓餅形狀。拋棄細胞核的好處是顯而易見的：這樣一來，紅血球就留出了更多的空間裝載血紅蛋白分子，從而可以一次運輸更多的氧氣分子。

與此同時，沒有了細胞核的紅血球更加柔軟，遇到狹窄的微血管時可以輕鬆地變形通過。對於每一個紅血球個體來說，它們付出的代價是徹底斷了「傳宗接代」的念頭，只能在大約四個月的短暫壽命裡機械地搬運氧氣分子。對於紅血球所服務的哺乳動物個體而言，則藉此機會獲得了更充足的氧氣供應和更高效的末梢循環系統，這些特性在漫長的演化史上很可能會幫助哺乳動物跑得更快，活得更久，讓它們的子孫後代遍布這個星球⋯⋯

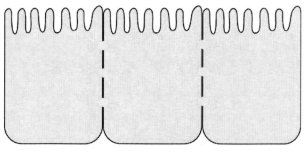

圖 3-4　小腸上皮細胞模式圖

　　無論是選擇「以不變應萬變」策略的原核生物，還是選擇「以萬變應萬變」的真核生物，其實都是為了更好地應對環境中的繁複資訊，更好地幫助自身成為自然選擇的優勝者。如果說策略的選擇是生命在宏觀層次應對資訊的方式，那麼接下來我們要討論的將是生命在面對具體資訊時將會有怎樣的微觀反應。

二、微觀層次：生命面對資訊的基本反應

　　細胞的出現加速了自然選擇，自然選擇給予生命的動力也讓以細胞為基礎的生命時刻不停地、想方設法地應付著各種各樣的具體環境資訊。在生命應對環境中各種資訊以追求對自然選擇的適應過程中，生命自然而然地發展出一套應對具體資訊的基本反應，我們將這個基本反應總結為「訊號→資訊→學習→記憶」，稍微具體地解釋如下：環境中的繁複條件對於生命來說其實本質上是一些可以獲得的訊號（如光、聲波、

能夠讓我們產生味覺或嗅覺的化學分子等），對於生命來說，首先需要有能力捕捉這些訊號，把它們轉化成為細胞能夠識別和利用的資訊，然後針對這些資訊進行處理並做出反應。在生命演化過程中，針對資訊所產生的各種反應，有些可能是適應自然選擇的有些可能是不適應的，因此，生命還需要對這些反應進行試錯和學習，最終透過自然選擇的考驗將適合的反應保留並記憶下來，這些被記憶下來的反應過程可以幫助生命當再次接觸到環境中相同的具體資訊時更好地應對。

這套生命應對自然選擇中具體資訊的基本反應模式，小到單細胞生命，大到整個生物圈一概不能除外。那麼，這套「訊號→資訊→學習→記憶」基本反應模式是如何實現的呢？

我們得慢慢道來⋯⋯

三、細胞中蛋白質分子幫忙實現「訊號→資訊」的轉化

細胞沒有眼睛和耳朵，更沒有大腦，有的只是蛋白質、DNA、各種糖類和脂類物質、礦物質以及各種小分子（如胺基酸和核苷酸）。要細胞用這些分子組成訊號傳輸、資訊轉化和反應系統，好像有點強「人」所難。但是細胞又是生物接收訊號、轉化資訊和做出反應的基礎，所以生物必須使用細胞所擁有的材料來建造這樣一個訊號系統。實際上，生物

不僅用這些材料建造出了資訊處理系統，而且這個系統的工作方式還出人意料地巧妙。

在細胞裡的各種分子中，能夠擔當這個資訊系統主角的，只能是蛋白質分子。蛋白質分子不僅能夠催化化學反應以及參與細胞結構的建造，而且還能夠在「有功能」和「無功能」，或者「開」和「關」兩種狀態之間來回轉換，這就使它具有接收和傳輸訊號的功能，類似於電腦用 0 和 1 代表電路「通」和「不通」兩種不同的狀態，並藉此來傳遞資訊。由於蛋白質也是細胞中各種生理活動的執行者（如催化化學反應和調控基因表達），自身狀態的改變也同時改變其功能狀態，從不執行某種功能到開始執行某種功能，或者停止執行以前在使用的功能，這些改變就相當於是細胞對資訊的反應。在許多情況下，蛋白質分子（一種或多種）就可以完成這些任務。在另外一些情況下，一些小分子（如核苷酸），甚至一些無機離子（如鈣離子），也可以發揮訊號傳輸者的作用，但是形成或者釋放這些非蛋白分子的，以及接收這些分子所傳遞的訊號的，仍然是蛋白質分子。

要了解為什麼蛋白質分子具有這樣的「本事」，需要先了解蛋白質分子是如何形成自己特有的功能狀態的。蛋白質是由許多胺基酸依次相連，再折疊成具有三維結構的分子。由於肽鏈中碳 - 碳之間的單鍵是可以旋轉的，這些碳原子伸出的化學鍵又不在一條直線上，從理論上說同一種蛋白質可以折疊成無數種形狀。這就像用牙籤把小塑料球穿成串，插在每個塑料球上的兩根牙籤不在一條直線上，而且牙籤還可以旋轉，這根塑料球鏈就可以被折疊成無數種形狀。如果是這樣，蛋白質就不可

能有特定的功能了。

　　幸運的是，細胞中肽鏈折疊的方式並不是任意的，而是受能量狀態的控制。在水溶液中，由於蛋白質分子中各帶電原子之間的相互作用可以形成氫鍵，蛋白質分子中親脂部分又有聚團的傾向，不同的折疊方式就具有不同的能量狀態。絕大多數的結構都具有比較高的能量狀態，就像位於山頂或山坡上的石頭，處於不穩狀態，隨時可以滾下坡，而處於最低能量狀態的結構就像位於溝底的石頭，不會自發滾動，是最穩定的狀態。一般來講，處於最低能量狀態的結構就是蛋白質分子在細胞中的結構，也是其執行生理功能時的結構。

　　但是這種能量最低狀態的結構是可以改變的。如果蛋白質結合了另一個分子，蛋白質分子中原子之間原來的相互作用情形就會發生改變，原來的形狀就不一定處在能量最低的狀態，而要改變為另一種形狀才更穩定。這種現象叫做變構現象（allosteric effect）。蛋白質的功能是高度依賴於它的三維空間結構的，例如，酶的反應中心常常是肽鏈的不同部分透過肽鏈折疊聚在一起形成的，蛋白質形狀改變通常會形成或者破壞這種功能，即把原來沒有功能的蛋白質分子變成有功能的分子，或者把原來有功能的蛋白質分子變成沒有功能的分子。除去與之結合的分子，蛋白質的形狀又恢復原樣，這樣蛋白質分子就可以在功能「開」或者「關」的狀態之間來回轉換。

　　細胞裡面有幾千種分子，如果它們都能夠和某種蛋白質分子結合，改變它的形狀和功能，那麼每種蛋白質分子就不只是在兩種形狀之間來回變換，而是有數千種形狀了。幸運的是，這種情形並不會發生。細胞

中分子的種類雖多，但是這些分子基本上互不結合，而是各行其是。要能夠與某種蛋白質分子結合，首先要有形狀相匹配的結合面，這就像碎成兩段的卵石，斷面形狀必須完全吻合才能重新對在一起，否則是無法對在一起的。另一個要求是結合面上電荷的分布也必須匹配，一方帶正電，另一方就要帶負電，至少不帶電，以免出現電荷同性排斥的情形。有這兩種限制，能夠與一種蛋白質特異結合的分子就屈指可數了，在很多情況下只能是一對一地結合，在這種情況下蛋白質分子就只能在兩種形狀之間來回轉換。

這種情形的一個直接後果就是蛋白質可以和資訊分子特異結合，從而可以用一對一的方式接收所結合分子攜帶的資訊。特異結合是訊號辨別的首要條件。如果蛋白質不加區別地結合許多類型的分子，如一種蛋白質同時能夠結合葡萄糖和二氧化碳，這兩種訊號也就無從分辨，蛋白質分子也不會只有「開」和「關」或者說 0 和 1 兩種狀態了。所以每一種資訊分子都需要能夠與它特異結合的蛋白質分子來一對一地傳遞資訊。我們把這些與各種訊號分子特異結合，並且接收它們資訊的蛋白質分子叫做受體（receptor）。與受體蛋白質結合，並且透過改變受體蛋白質的形狀把資訊傳遞給受體的分子就叫做配體（ligand）。每一種配體分子都需要和與它匹配的受體分子結合。在資訊鏈中，資訊分子和配體分子是一個意思。

這種與配體分子的特異結合就相當於細胞「認字」。在人類語言中，每個名詞代表一個意思，識別這些意思可以先用視覺器官看見這個詞，或者用聽覺器官聽見這個詞，這些訊號被輸入大腦後，還要經過大腦對

訊號的分析,才能知道某個詞的意思。而在細胞層級,每種訊號分子本身就是一個名詞。細胞雖然不能叫出葡萄糖和胰島素的名字,但是透過受體與它們的特異結合,就相當於接收到這個詞所攜帶的資訊。

受體透過特異結合感知了某種資訊分子(訊號)的存在後,如何把資訊傳遞下去呢?在這裡,細胞採取的是同樣的策略,即把接收到訊號並且改變了形狀的受體分子作為訊號傳遞鏈中下一級蛋白質分子的配體分子,以改變下一級蛋白質分子的形狀。改變了形狀的下一級蛋白質分子又可以作為配體,訊號就這樣傳遞下去了,直到最後的效應分子,透過它的形狀改變,其活性被活化,或者原來的活性消失,對訊號的反應過程就完成了,如圖 3-5 (a) 所示。

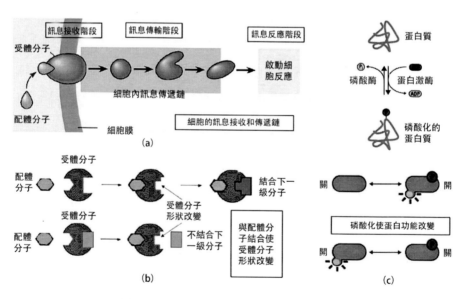

圖 3-5 細胞的訊號傳遞鏈與訊號傳遞的原理

　　由於與其他分子的結合會改變蛋白質分子的形狀，細胞中資訊的傳遞就有兩種方式：一種是受體分子與配體分子結合後，形狀改變，使它和下一級蛋白質分子的關係改變，從形狀不匹配到形狀匹配，從不能結合到能夠結合，相當於從「關」到「開」。另一種是在沒有配體分子結合時，受體就與下一級蛋白質分子結合，但是下一級蛋白質分子處於無功能狀態，即「關」的狀態，在有配體分子時，受體分子形狀改變，從原來能夠結合下一級蛋白質分子變為不再能夠結合，下一級蛋白質分子因此從受體分子上游離出來。由於不再與受體分子結合，下一級蛋白質分子的形狀也要發生改變，功能狀態隨之發生改變，從「關」變為「開」。這兩種方式都可以把受體分子接收到的資訊傳遞下去，但是要求配體分子一直與受體分子結合，以保持受體分子變化了的狀態，如圖 3-5（b）所示。

　　透過與配體分子結合改變形狀來傳遞資訊的方式雖然有效，但是也有局限性。蛋白質分子形狀的改變需要配體分子一直與之結合，配體分子一離開，蛋白質分子又恢復到原來的形狀。如果在配體分子離開前資訊還沒有傳遞下去，就相當於原來接收到的資訊又喪失了。這對於有些資訊傳遞步驟不是問題，例如，配體分子和受體分子都不用移動位置，受體分子就可以把資訊傳遞下去的情況。但是如果資訊分子必須移動到新的位置才能傳遞資訊，而配體分子又無法和受體分子一起移動時，問題就來了。克服這個困難的辦法就是給受體分子打上「印記」，使受體分子在離開配體分子後還能夠保持變化後的形狀。這個印記就是對受體蛋白質分子進行修改，例如在胺基酸側鏈上加上帶電的基團。這些基團引

入的電荷會改變蛋白質分子中原子之間的相互作用，蛋白質分子的形狀也就相應改變了，而且在配體分子離開後還能夠保持這個狀態。

　　局部電荷改變影響蛋白質分子形狀的經典例子就是人的鐮刀型貧血。在 β- 血紅蛋白基因中，第 6 位為谷胺酸編碼的 GAG 序列突變成 GTG，所編碼的胺基酸也就變成了纈胺酸。谷胺酸的側鏈是帶負電的，而纈胺酸的側鏈是不帶電的，這相當於蛋白質在這個位置失去了一個負電荷。就是這一個負電荷的失去，使得 β- 血紅蛋白的形狀完全改變，生理功能也就喪失，相當於從「開」變為「關」。當然這種突變造成的胺基酸的替換是不可逆的，不能使蛋白質分子造成開關的作用。要讓蛋白質分子能夠在兩種狀態之間來回轉換，這種修飾必須是可逆的。

　　要使這種修飾變成可逆的，生物最常用的辦法是在蛋白質中一些胺基酸的側鏈上加上磷酸基團。磷酸基團含有兩個負電荷，如果在合適的地方把它引入蛋白質分子，就可以改變蛋白質的形狀和功能。只要這個磷酸根還在，蛋白質的狀態就可以一直保持，而不再需要配體分子。如果這個磷酸根又可以很方便地除掉，蛋白質的形狀和功能又恢復到以前的狀態。以這種方式，蛋白質分子就可以在兩個狀態之間來回轉換，從而造成開關的作用。在蛋白質分子中加上磷酸基團的過程叫做將蛋白質磷酸化（phosphorylation），催化這個反應的酶叫做蛋白激酶（protein kinase），它們把 ATP 分子中末端的磷酸根轉移到要被修飾的蛋白質中胺基酸的側鏈上。去掉這個磷酸根的過程叫去磷酸化（dephosphorylation），催化這個反應的酶叫做磷酸酶（phosphatase）。

　　這兩種酶相互配合，就能夠使蛋白質來回地「開」和「關」，成為

訊號系統中的開關。蛋白質分子中能夠反覆接受和失去磷酸基團的胺基酸殘基有組織胺酸（histidine）、天門冬醯胺（asparagine）、絲胺酸（serine）、蘇胺酸（threonine）以及酪胺酸（tyrosine）。蛋白質磷酸化的結果有兩種，一種是磷酸化使蛋白分子從原來沒有功能的狀態變為有功能的狀態，即從「關」到「開」，例如，把原來被掩蓋的酶活性「解放」出來。相反的情形也能夠發生，即受體分子在沒有結合配體分子時具有酶活性，結合配體分子後反倒使酶活性消失，即從「開」到「關」。不管是哪種情形，都是蛋白質分子的磷酸化改變了蛋白質的功能狀態，因而可以傳遞資訊，如圖 3-5（c）所示。由於磷酸化過程中添加在蛋白質分子上的磷酸根是跟著蛋白質分子走的，這種功能狀態的改變在配體分子離開後可以繼續保持，直至磷酸酶把加上去的磷酸根除去。細胞的資訊傳遞鏈不一定完全由蛋白質組成，配體分子也不一定都是蛋白質，例如，後面要談到的許多神經傳導物質就不是蛋白質，性激素不是蛋白質，細胞內的資訊分子，如環腺苷酸（cyclic Adnosine Monophosphate，cAMP）也不是蛋白質，但是它們與受體蛋白的結合也能改變受體分子的形狀和功能狀態，造成資訊傳遞的作用。資訊傳遞鏈中的某些蛋白質也可以利用它們被活化的酶活性生產一些非蛋白資訊分子，這些分子又作為配體分子，與下游的受體蛋白結合，改變其形狀，把資訊傳遞下去。但是產生這些非蛋白資訊分子的，以及接收這些非蛋白分子資訊的，仍然是蛋白質。最後的受體蛋白分子一般是具有其他功能的蛋白質分子，在與自己的配體分子（即上一級訊號分子）結合或者同時被磷酸化後其功能被活化，就可以發揮效應分子的作用。無論是作為酶催化化學反應，還是

透過結合於 DNA 調控基因表達，都可以實現細胞對資訊的反應。蛋白質分子和配體分子結合改變形狀，或者同時被磷酸化，功能也隨之改變，改變了功能的蛋白質又可以作為下一級資訊分子的配體，使其改變形狀或者磷酸化，最後到達效應分子，這就是細胞中資訊系統工作的總機制。下面我們就來具體介紹細胞中的各種資訊傳遞鏈。它們雖然各有特點，複雜程度不同，但是都遵循這個總機制。

　　細胞中蛋白質分子有效地幫助生命體實現了「訊號→資訊」，進而產生反應的過程，那麼接下來，我們需要將目光轉移到下面的問題：這些反應如何進行「學習→記憶」呢？

四、神經細胞是「學習」的基礎，蛋白質分子是「記憶」的源泉

　　有關「學習」與「記憶」的研究，我們必須要致敬一下科學家們，他們是伊凡‧巴夫洛夫 (Ivan Pavlov)、桑地牙哥‧拉蒙卡哈 (Santiago Ramón y Cajal)、唐納‧赫布 (Donald Olding Hebb)、埃里克‧坎德爾 (Eric Kandel)、西摩‧本澤 (Seymour Benzer)、錢卓和利根川進 (Susumu Tonegawa)，是他們為我們揭開了有關「學習」和「記憶」的神祕面紗……

　　在冰天雪地的聖彼得堡，留著俄羅斯傳統大鬍子的伊凡‧巴夫洛夫

的研究領域原本是消化系統 —— 從胃液的分泌到胰腺的功能，但是一個偶然的發現把他引上了完全不同的研究方向。為了研究消化系統的功能，巴夫洛夫設計了一套精密的記錄系統來研究狗的唾液分泌是怎麼調節的。毫無疑問，唾液分泌的調節也是消化系統的重要問題。他透過分析發現，當飼養員把裝滿狗糧的盆子端給小狗的時候，狗的唾液就會開始大量分泌。當然，這個現象本身倒是毫不稀奇。從日常經驗出發我們也知道，食物的香氣足以讓我們食慾大開、口水橫流。但是巴夫洛夫隨後發現了一個奇怪的現象。當飼養員端著盆子、剛剛打開實驗室的門時，狗的唾液就已經開始大量分泌了。這時候照理來說狗根本還看不見飼養員拿著盆子，也聞不到狗糧的味道呢！巴夫洛夫甚至發現，就算找個毫不相關的陌生人，只要開一下門，開門的聲響就足夠讓狗流口水了！這個現象讓巴夫洛夫意識到：狗很有可能具有「學習」的能力，這條狗是透過許多天的觀察，總結出開門聲和飼養員、食物盆子以及美味狗糧的出現存在某種神祕但相當頑固的連結，因此對於它來說，聽到開門聲，就會自動啟動一系列與吃飯相關的程序，包括流口水。借用這個偶然發現，巴夫洛夫設計了一整套精巧的實驗，如圖 3-6 所示，並最終證明了動物也存在可靠的學習能力，而且更重要的是，這種能力的確能夠被精密地記錄和研究。他發現，如果單純對著小狗搖鈴鐺，狗是不會分泌唾液的。但是如果每次端狗糧來的時候都搖鈴鐺，或者在要餵狗飼料前先搖鈴作為提醒，那麼只需要幾次練習，小狗就能學到鈴鐺聲和美味食物之間的連結。證據就是，僅僅搖幾下鈴鐺，小狗的唾液就會大量分泌。

圖 3-6　巴夫洛夫實驗

就這樣,「巴夫洛夫的狗」從此成了一個專有名詞,進入了人類科學的殿堂。這個非常簡單但精確有力的實驗,第一次把原本屬於哲學討論範疇的人類學習,還原到了可以觀察描述、深入解剖的動物行為層次。巴夫洛夫的狗流著口水告訴我們,只要我們能找到在幾次訓練前後它身體裡到底發生了什麼變化,我們就能揭示學習的祕密。可到底是什麼變化呢?第二條線索在最合適的時間浮現了出來。差不多在巴夫洛夫進行實驗的同時,在四季如春的西班牙,一位和巴夫洛夫年齡相仿、性格也類似的科學家 —— 桑地牙哥·拉蒙卡哈也在進行研究,但巴夫洛夫的研究對象是活生生的大狗,而卡哈終日對著的是顯微鏡下細若游絲的神經纖維。透過觀察和繪製成百上千的顯微圖片(如今許多圖片仍然在生物學教科書、演講和科普作品裡被重複展示),卡哈意識到,動物和人類的大腦一樣,層層疊疊堆砌著數以百億計的細小神經細胞。這些神經細胞和人們慣常看到的細胞不太一樣,往往不是渾圓規整的形狀,而是從

四、神經細胞是「學習」的基礎，蛋白質分子是「記憶」的源泉

圓圓的細胞體裡伸出不規則的突起，有的層層伸展如樹杈，有的長長延伸像章魚的觸手，如圖 3-7 所示。

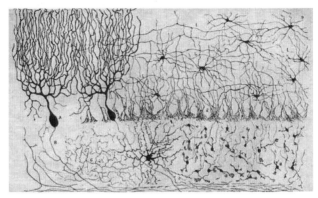

圖 3-7　卡哈爾繪製的鳥類小腦中的神經細胞

　　在卡哈看來，這些長相怪異的神經細胞正是靠這些突起彼此連結在一起，形成了一張異常複雜的三維訊號網絡。在人腦千億數量級的神經細胞中，任何一個神經細胞產生的電訊號都可能被上萬個與之相連的神經細胞識別；反過來，任何一個神經細胞的活動也可能受到上萬個與之相連的神經細胞的影響。可以想像這樣的情景：揮動魔杖隨意點亮人腦中一個神經細胞，在它的閃爍中，電訊號蕩起的微弱漣漪將迅速傳遍整個大腦，此起彼伏的星光如煙花綻放般閃耀。而這可能就是人類智慧的物質本源。但是卡哈的研究和巴夫洛夫實驗有何關係呢？一頭是飢餓的小狗吐著舌頭口水橫流，另一頭是纖細的神經纖維編織出的網絡。這看起來風馬牛不相及的兩種研究，又能建立怎樣的連結呢？在幾十年後，加拿大心理學家、麥吉爾大學教授唐納·赫布在他的巨著《行為的組織》

（*The Organization of Behavior*）中天才般地發現了兩者之間的神祕連結，提出了著名的赫布定律。赫布指出，巴夫洛夫在動物身上觀察到的學習行為，完全可以用卡哈發現的微觀神經網路加以解釋，如圖 3-8 所示。

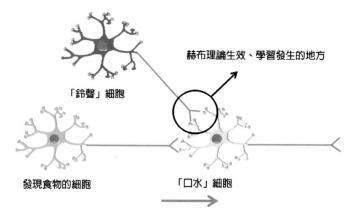

圖 3-8　用赫布定律解釋巴夫洛夫的實驗結果

　　巴夫洛夫的小狗所學習的，是在兩種原本毫不相關的事物（鈴聲和食物）之間建立連結。在反覆練習之後，它們最終會掌握並記住鈴聲會帶來食物。那我們完全可以想像，這種連結其實就存在於兩個神經細胞之間。比如，假設小狗的大腦裡原本有兩個並無連結的細胞 —— 我們姑且叫它們「鈴聲」細胞和「口水」細胞吧。當鈴聲響起，「鈴聲」細胞就能感覺到並被激發；當食物出現，「口水」細胞就會開始活動，並且讓唾液開始分泌。但是前者並不會引起後者的活動。在巴夫洛夫的實驗中，小狗每次都會在聽到鈴聲的同時吃到食物。別忘了，食物的存在是可以直接活化「口水」細胞的。也就是說，「鈴聲」細胞和「口水」細胞這兩個原本無關的細胞被強行安排在同時開始活動。在赫布看來，正是

因為這種強行安排的同步活動，讓兩者之間的物理連接從無到有，從弱到強。這個過程其實就是學習。就這樣，赫布的思想把巴夫洛夫和卡哈的研究連結在了一起。在卡哈看來，就是經過反覆訓練，「鈴聲」細胞和「口水」細胞之間的連接將會達到這樣的強度：只需要刺激「鈴聲」細胞的活動，「口水」細胞就會被活化。而在正在忙於做實驗的巴夫洛夫看來，到這一時刻，單獨給鈴聲就足夠讓小狗口水橫流，小狗的學習取得了圓滿的成功！

赫布的這一理論被稍顯簡單粗暴地總結為「在一起活動的神經細胞將會被連接在一起」（Cells that fire together, wire together），並以「赫布定律」之名流傳後世。他的思想為人們尋找學習的物質基礎提供了最直接的指引：如果他是對的，那人們應該能在學習過程中直接觀察到神經細胞之間的連接強度變化；或者反過來，人們操縱神經細胞之間的連接強度，就應該能夠模擬或者破壞學習。說起來也有趣，儘管早在 20 世紀之初，卡哈就已經準確預測了神經細胞之間存在數量龐大的彼此連接，但是這種連接直到 20 世紀中期才第一次露出廬山真面目。原因無他，這種連接實在是太微小了。不同神經細胞的突起會向著彼此無限逼近，但卻在最後大約 20 奈米的距離上恰到好處地停下，並且形成一個被稱為突觸的連接，如圖 3-9 所示。

這個 20 奈米的間距保證了前一個神經細胞產生的電訊號或者化學訊號可以迅速且不失真地被後面的神經細胞捕捉到，同時也保證了兩個神經細胞相互獨立，彼此的細胞膜不會錯誤地融合在一起。大家可能已經意識到了，按照赫布的理論，學習實際上就發生在一個個突觸之間。

學習意味著突觸的生長和消失，意味著在這 20 奈米的距離上，訊號傳遞的效率增強或者減弱，其上任何微小的變化都可能和學習有關。

圖 3-9　突觸結構模式圖

　　1960、1970 年代，在美國紐約工作的神經生物學家埃里克‧坎德爾使用海兔（一種軟體動物）作為研究材料同樣發現了學習現象的存在：當海兔的皮膚突然遭到刺激時，它就會迅速把鰓緊緊地包裹起來（即海兔的縮鰓反射）。如果在輕輕觸碰海兔皮膚的同時，用電流強烈刺激海兔的頭或者尾巴，那麼在幾次重複之後，原本無害的輕輕觸碰也會引起海兔劇烈的縮鰓反射。也就是說，和巴夫洛夫的狗類似，可憐的海兔學會了把輕輕觸碰和電流打擊連結在一起，對前者的反應變得劇烈了許多。與此同時，他還發現伴隨著學習過程，海兔體內發生了一些微妙的生物化學變化。一種叫做環腺苷酸（cyclic AMP，這個分子是不是有些熟悉）的化學物質會突然增多，而在此之後，一系列蛋白質的生產、運輸和活動都會受影響。坎德爾的發現說明，學習過程被增強背後的原因，可能

正是上述這些微妙的生物化學變化。而這個猜測也被來自美國另一端的科學研究所支持。

美國加州理工學院的科學家西摩‧本澤在研究一種名為果蠅的小昆蟲時發現，如果果蠅腦袋裡製造環腺苷酸的能力受到破壞，那果蠅的學習能力將遭受毀滅性的打擊。這樣一來，不光肯德爾的想法得到了強有力的支持，人們還意識到，既然海兔和果蠅這兩種天差地別的動物共享同樣的學習分子，那麼很可能學習的生物學基礎是放之四海而皆準、在不同生物體內都暢通無阻的普遍規律。

在過去的數十年裡，從海兔和果蠅出發，人們開始逐步明瞭，在突觸之間的微小距離上，學習究竟是怎樣實現的，如圖 3-10 所示。在今天神經科學的視野裡，這區區 20 奈米尺度下的突觸幾乎就是一個小世界。每一次神經細胞的活動都可能改變這個小世界的整個面貌。細胞膜上的孔道開了又關，帶電的離子蜂擁著進入或者逃離神經細胞；微弱的電流閃電般地從神經纖維的一端流向另一端，時而匯聚成大河，時而分散成小溪；代表著興奮或者沉默的化學物質被包裹在小小的口袋裡，又一股腦地從神經細胞中拋灑而出，如果夠幸運，它們可能會在消失前找到相隔 20 奈米的另一個細胞，快樂地依靠上去，順便也把興奮或者沉默的資訊傳遞過去；在細胞內部，全新的蛋白質被合成，陳舊的蛋白質被拆解，伴隨著細胞骨架的拆拆裝裝，突觸的形狀也如呼吸般伸伸縮縮……

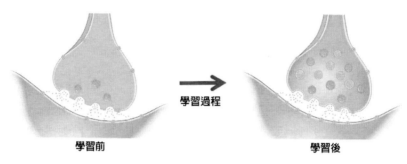

學習過程

學習前　　　　　　　　　　學習後

圖 3-10　突觸和學習

伴隨著每一次成功的學習，在這方寸之間，新突觸在誕生，舊突觸在消亡，突觸本身在變大和變小，訊號發出端的功率和訊號接收端的靈敏度也在發生變化。所有這些都可能會影響神經細胞之間的訊號傳遞，也都可能被學習過程所影響。而所有這一切的總和，可能也就代表了學習的結果：經驗和記憶。

一個自然而然的推論是，當我們理解了學習過程中發生的一切後，我們就可以回過頭來，讓學習變得更容易、更快，甚至可以在大腦中創造出從未發生過的學習場景，科幻作品中在大腦裡插入晶片就可以無所不知的橋段也許真的可以變成現實。當然，今天的我們距離理解「學習過程中發生的一切」還有遙遠的距離，但是我們確實已經開始了解其中幾個特別關鍵的角色，甚至開始干預這幾個關鍵角色了。例如，我們說過，赫布定律的核心關鍵是不同的神經細胞「一起活動」。不管是巴夫洛夫的鈴鐺聲和狗飼料盆，還是突觸前後的「鈴聲」細胞和「口水」細胞，這兩件事必須差不多同時出現，學習才會發生。因此可想而知，我們的大腦裡必須有一個東西能夠準確地識別出「一起活動」這件事才可以。

四、神經細胞是「學習」的基礎，蛋白質分子是「記憶」的源泉

我們可以想像，在兩個神經細胞之間 20 奈米的狹窄空間裡，站著一位一絲不苟的裁判。他左右手各拿了一隻碼錶，左右眼分別盯著兩個神經細胞。每次看到神經細胞開始活動，他會第一時間按表，而只有當他發現兩隻錶記錄的時間相差無幾時，他才會大聲宣布赫布定律開始生效，學習過程開始。1980 年代前後，這位裁判的真容開始浮現。人們發現有一個總是站在神經細胞膜上的蛋白質，它有一個非常難記的名字叫 N- 甲基 -D- 天門冬胺酸受體（N-methyl-D-aspartate receptor）或者 NMDA 受體，我們這裡稱它為「裁判」蛋白。「裁判」蛋白有一個令人著迷的屬性：當它甦醒的時候，能夠啟動一系列生物化學變化，最終讓突觸變大變強，讓兩個神經細胞之間的連接更緊密；而它的喚醒卻很困難，需要突觸前後的兩個神經細胞差不多同時開始活動，輪番呼喚，「裁判」蛋白才會開始工作。它的開工時間表完美契合了人們對裁判這個角色的期望。那麼是不是有可能，如果讓這種「裁判」蛋白更多一點，眼神更犀利一點，按碼錶的動作更快一點，動物學習的本事就會更強一點呢？在 1990 年代，還真的有人這麼做了。普林斯頓大學的華人科學家錢卓利用基因工程學的技術，讓小鼠的大腦（或者更準確地說，是一個名為海馬迴的大腦區域，如圖 3-11 所示）無法生產「裁判」蛋白。結果，這樣的小鼠就失去了學習能力，由此我們知道，「裁判」蛋白對於學習確實不可或缺。

更精彩的還在後面。利用同樣的手段，錢卓還在小鼠的海馬迴中生產了超量的「裁判」蛋白。這些小鼠初看起來和它們的正常同伴毫無區別，但是如果把它們扔進渾濁的水池中，它們會比同伴更快地意識到水

池的中央有一個足以歇腳喘氣的暗礁，也能更快地記住這個暗礁的具體方位。如果把它們扔進一間昏暗的小房間，刺耳的鈴聲伴隨著從腳底傳來的電擊刺痛，這些小鼠也會更快地意識到鈴聲和刺痛之間的關聯，每次聽到鈴聲都會嚇得一動不動。「聰明老鼠」── 這是媒體為這些老鼠取的名字 ── 生動無比地證明了「裁判」蛋白在學習過程中的意義。從巴夫洛夫和卡哈開始的對學習本質探究的兩條道路，到這裡終於匯聚在一起。在神經細胞之間 20 奈米的微小空間裡製造一種蛋白質，就可以操控整個動物的學習能力。

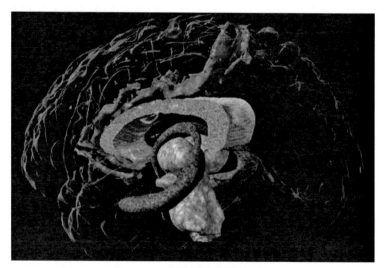

圖 3-11　人類大腦中的海馬迴

我們再次回憶一下赫布定律和聰明老鼠的研究。赫布定律其實是在告訴我們，學習過程的本質就是兩個相連的神經細胞差不多同時開始活動，因此它們之間的連接會變得更加緊密，從而讓我們在兩個本來無關

的事物之間建立了連結。換句話說，如果我們能夠強制性地讓兩個神經細胞同時開始活動，我們就能模擬學習過程。不需要真實的鈴聲，也不需要真實的狗飼料，只需要我們想出一個辦法，讓「鈴聲」細胞和「口水」細胞同時活動，小狗就能夠學會聽著鈴聲嚥口水。可是怎麼做到這一點呢？聰明老鼠的研究給了我們一些提示。

為了創造聰明老鼠，錢卓需要某種技術把特定的蛋白質（在他的例子裡，是「裁判」蛋白）輸送到小鼠大腦的某個特定區域裡。這種技術的細節就不再說明了，但是我們可以充分開啟想像，如果我們能在「鈴聲」細胞和「口水」細胞裡放進去一個蛋白質，這個蛋白質能夠讓兩個細胞同時被激發，那我們就可以憑空創造出本來沒有的記憶，讓懵懂無知的小狗對著鈴聲狂流口水。有這樣的蛋白質嗎？有。它來自海洋。在 21 世紀之初，人們逐漸開始理解海洋中的海藻是怎麼找到陽光的。簡單來說，當陽光照射在海藻細胞上之後，光子帶來的能量會打開細胞膜上的微小孔道，從而讓海藻細胞活動起來，擺動自己的微小鞭毛，調整自己的姿態，讓陽光更舒服地照射在自己身上。這個看起來簡單的生命活動提供了一個很大的可能性。想想看，把海藻的微小孔道放在神經細胞裡會發生什麼？利用光，我們就可以直接操縱神經細胞的活動。這個設想在 2005 年變成了現實。在幽幽藍光的照射下，科學家可以讓神經細胞像機關槍一樣不停地發射，可以讓小蟲子扭動身體，可以讓果蠅以為自己聞到了難聞的氣味。而接下來，自然會有人去嘗試在大腦中創造記憶。麻省理工學院的利根川進團隊首先做了這方面的嘗試。他們提出了一個這樣的問題：有沒有可能在動物大腦中植入虛假的場景？這個問題有著

毋庸置疑的現實基礎。畢竟，從文字圖畫到喜劇電影，從 iMax 到 VR，人類文藝作品的一大追求就是現場感，能讓人身臨其境，進入一個從未親歷的場景中。對大腦直接動手肯定是最方便、最直接的辦法。他們的做法分為兩步驟：首先，讓小鼠親自進入某個場景（比如一個牆壁畫著圖案的方形籠子），這個時候如果在小鼠的海馬迴進行記錄，科學家可以知道小鼠是如何感受和體驗這個場景的。比如，在 100 個神經細胞裡可能會有 10 個開始活動，另外 90 個保持不動，這 10 個活動細胞的空間位置分布本身就編碼了這個特定場景的空間資訊。

每次進入同樣的場景，小鼠大腦都會出現類似的反應。總結出規律之後，緊接著開始第二步，套用聰明老鼠的套路，把蛋白質輸送到所有代表方形圖案屋的神經細胞裡，只不過這次輸送的不是讓老鼠變聰明的「裁判」蛋白，而是讓細胞感光的微小孔道。這樣一來，只需要對著小鼠的大腦打開藍光燈（見圖 3-12），小鼠的腦海裡就會出現虛假的回憶，哪怕它此刻其實身處圓形的泡泡屋，它也會以為自己身處方形圖案屋。

雖然關於學習與記憶我們還有太多的東西需要研究和探索，但現有的研究成果還是讓我們對未來充滿信心，相信在不遠的未來，我們能夠探索出更多關於學習和記憶的機制，我們可以遊刃有餘地運用這些機制更好地應對未來那紛繁美妙的世界。

讓我們再次把思緒拉回到生命之初的地球，可以想見：面對環境中紛繁複雜的資訊（即訊號），正處於演化之初的生命使出渾身解數進行應對，或「以不變應萬變」，或「以萬變應萬變」。在環境的嚴酷選擇下，在不斷的試錯與競爭中，生命運用自身最方便的物質（蛋白質等）構建

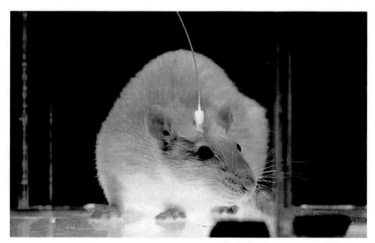

圖 3-12　用光在動物腦中產生虛假記憶

出了最適應自然選擇的「訊號→資訊→學習→記憶」反應模式，使我們今天地球上的每一種生命還都受益於此—面對環境中的訊號時，每一種生命都能運用這套模式做出適合的反應。可以說，每一種生命都具有如此強大的資訊處理能力，是地球數十億年來能夠生機勃勃的重要保障。

 第三章　生命資訊處理能力的演化史

第四章

從「性」的發展歷史聊演化

　　如果說自我複製是生命起源的物質保障，那麼性就是生命能夠演化至今的重要基礎。性的出現幫生命從單打獨鬥的個體發展成為團隊合作的群體；讓生命從逝者如斯的過客發展成了生機勃勃的永恆；使生命從自然選擇的被動體發展成了適應環境的主宰者……可以說如果沒有生殖過程、沒有性的產生，地球即使可能還會擁有生命的乍現，但也絕不可能成為生氣盎然的藍星。本章希望從性的角度帶領大家領略生命演化的無窮魅力。

一、從無性到有性

　　生物是高度複雜，同時也是高度脆弱的有機體，不可能永遠不死。要使生命能夠延續下去，就必須要有不斷產生下一代同類生物體的方法，這就是生殖。

　　原核生物（幾乎全是單細胞生物）的生殖方式比較簡單，就是一分為二 —— 遺傳物質（DNA）先被複製，然後細胞分為兩個，各帶一份遺傳物質，子代細胞和親代細胞模樣類似，結構相同。原核生物中的大腸桿菌（Escherichia coli）就是以這種方式繁殖的。這種繁殖方式也被一些單細胞的真核生物所採用，如真核生物中的裂殖酵母（Schizosaccharomyces pombe）可以一分為二，產生兩個子代酵母菌；出芽酵母（Saccharomyces cerevisiae）採用出芽生殖，即子代細胞比親代細胞小，脫落以後再長大，成為和親代細胞大小、形態相同的細胞，也可以說是一分為二。

　　但是對於多細胞生物而言，一分為二就比較困難了。它們繁殖後代所採用的方法是把遺傳資訊（DNA）「包裝」到單個特殊的細胞中，再由這個細胞（單獨地或與其他帶有同樣繁殖使命的細胞融合成一個細胞）發育成一個生物體。也就是說，所有多細胞生物的身體都是由一個細胞發育而來的，這是地球上多細胞生物繁殖的總規律。

　　我們把這種負責產生後代的細胞統稱為生殖細胞（germ cell）。由生殖細胞產生下一代的方式有兩種。第一種，也是最簡單的方式，是由單個的生殖細胞長成一個新的多細胞生物體。這個單個的生殖細胞由有絲分裂（mitosis，見下文）產生，後代的遺傳物質和母體完全相同，生殖細胞自己就能發育成新的生物體。我們把這樣的生殖細胞稱為分生孢子（conidium），一些黴菌就是用這種方式來繁殖的。這種繁殖方式其實與細菌和酵母的分裂繁殖方式沒有本質區別，但是更進了一步：細菌和酵母分裂出來的細胞還是以單細胞的形式生活，而黴菌身體分裂形成的生殖細胞（分生孢子）卻能夠重新長成多細胞的生物體，這說明這個生殖細胞已經發展出了可以分化成身體裡面各種細胞的能力。這種靠分生孢子一個細胞來繁殖後代的方法和單細胞生物一分為二的繁殖方式一樣，都不需要兩個生殖細胞的融合。單個生殖細胞自己就有發育成為完整生物體的能力，也無所謂性別，所以被稱為無性生殖（asexual reproduction）。

　　無性生殖的後代和上一代的遺傳物質相同，所以是上一代生物體的「人工複製」。這種方式簡單經濟，多細胞生物常常可以同時產生大量的分生孢子，而且每個分生孢子都是可以「自力更生」的，在生活條件好

的情況下,能迅速增加個體的數量。而且無性生殖的後代能夠比較忠實地保留上一代的遺傳特性,短期來講,對物種的穩定性是有利的。

　　無性生殖雖然簡單有效,但也有缺點,那就是遺傳物質(DNA)被「禁錮」在每個生物個體和它的後代身體之內,只能單線發展,與同類生物其他個體中的遺傳物質沒有交流。也就是說,每個生物體在 DNA 分子的演化上都是自己負責自己,不會和別的個體中的 DNA 分子產生連結。這也就意味著,如果某些個體中的 DNA 分子出現了新的有益變異,那麼這個能夠讓生命更加適宜生存與發展的特徵根本就沒有辦法與其他個體分享。這樣,不同的個體在適應環境的能力上就可能會有比較大的差別。對於單細胞生物來說,這種個體間的較大差異通常不是問題,因為單細胞生物一般繁殖極快,幾十分鐘就可以繁殖一代,那些具有 DNA 有益變異的個體很快就可以在競爭中脫穎而出,成為主要的生命形式,而那些較差的就會被淘汰。而且單細胞生物每傳一代,就有約千分之三的細胞 DNA 發生突變,這些發生突變的細胞中一般會出現能適應新環境的變種,透過迅速的「改朝換代」,單細胞生物通常能夠比較好地適應環境的變化。但是對於多細胞生物來講,這個策略卻不可行。多細胞生物換代比較慢,常常需要數星期、數月,甚至數年才能換一代,演化趕不上環境的變化。在環境條件變化比較快的時候,這些只能進行無性生殖的物種就有可能因不能及時適應環境的變化而滅絕。

　　幫助多細胞生物適應環境變化的較好方法就是使其遺傳物質(DNA)多樣化,這樣同一種生物中不同的個體就具有適應不同環境的能力。無論環境如何變化,總有一些個體能夠比較好地適應,這樣物

種就不容易滅絕。但是 DNA 突變的速率是很慢的，要透過每個生物體 DNA 突變的方式來增加遺傳物質的多樣性效率很低。如果有一種方法能夠使多細胞生物的遺傳物質迅速多樣化，對於物種的繁衍無疑是非常有利的。實現多細胞生物 DNA 迅速多樣化最簡單有效的想法是讓同一物種的不同個體之間直接進行遺傳物質的交換，透過這樣的交換可以實現 DNA 有益變異的共享，加之每個生物體中 DNA 的多樣性，這就相當於預先給環境的變化做了準備，物種延續下去的機會就增加了。不過多細胞生物之間直接進行遺傳物質的交換是很難實現的。一個生物體細胞裡面的 DNA 怎麼進入另一個生物體的細胞中呢？就算直接接觸可以轉移一些 DNA 到另一個生物體身體表面的細胞裡去，也很難做到那個生物體的每個細胞都能得到轉移的 DNA。但是我們前面講過，多細胞生物最初都有一個細胞的階段，如果這些單細胞能夠彼此融合，成為一個細胞，就能把兩個生物體的遺傳物質結合在一起。由於以後身體的所有細胞都由這個最初的細胞變化而來，身體裡面所有的細胞都會得到新的 DNA。

這種用生殖細胞融合的方式產生下一代的繁殖方式就叫做有性生殖（sexual reproduction），它導致同一物種中雄性和雌性的分化，且區別於沒有生殖細胞的融合過程（如分生孢子）、生殖細胞不分性的無性生殖。有性生殖可以定義為「把兩個生物體（通常是同種的）的遺傳物質結合在同一團細胞質中以產生後代的過程」。來自不同生物體、彼此結合的生殖細胞就叫做配子（gamete），有「配合」、「交配」之意，以區別於沒有細胞融合的孢子。由於這兩個來自不同個體的生殖細胞在遺傳資訊的構

成上有差別，它們之間融合產生的後代在遺傳資訊上就不同於上一輩中的任何一個個體，因此不再是上一輩生物體的人工複製。由於這種繁殖方式比無性繁殖有更大的優越性，所以真核生物，特別是多細胞的真核生物基本上都用這種方式來繁殖後代。

幾乎所有的真核生物都能夠進行有性生殖，而幾乎所有的多細胞生物都採用有性生殖的方式來產生後代，這說明有性生殖一定有無性生殖所不具備的優點。歸納起來，有性生殖的優點主要有四個：

一是「拿現成的」。DNA 的突變速度是很慢的，比如人每傳一代，DNA 中每個鹼基對突變的機率只有一億分之一，也就是大約 30 億個鹼基對中，只有 30 多個發生變異，而且這些變異還不一定能改變基因的功能。而來自兩個不同生物體的生殖細胞的融合，有可能立即獲得對方已經具有的有益變異形式。透過有性生殖，同一物種的不同個體之間可以實現遺傳物質的資源共享。

二是「補缺陷的」。兩份遺傳物質結合，受精卵以及後來由這個受精卵發育成的生物體的細胞中，DNA 分子就有了雙份。如果其中一份遺傳物質中有一個缺陷基因，另一份遺傳物質很可能在相應的 DNA 位置上有一個完整基因，就有可能彌補缺陷基因帶來的不良後果。

三是「預備模板」。由於有兩份 DNA，一個 DNA 分子上的損傷可以以另一個 DNA 分子為模板進行修復。

四是「基因洗牌」。在形成生殖細胞（精子和卵子）的過程中，來自父親和母親的染色體會隨機分配到生殖細胞中去，而且來自父親和母

親的 DNA 之間還會發生對應片段的交換，叫做同源重組（homologous recombination，見下文），這樣來自父親和母親的基因就能夠隨機結合，存在於同一個染色體中。這個過程有可能把有益的變異和有害的變異分開來，而且可以把兩個生物體有益的變異結合在一起。「基因洗牌」可以增加下一代 DNA 的多樣性，使得整個族群更好地適應環境，比如應對各種惡劣的生活條件。

有性生殖的這些優點使得多細胞生物從一開始，即在受精卵階段，就能得到經過補充和修復、具有備份且基因組合具有多樣性的遺傳物質，而且隨著受精卵的分裂和分化，這些遺傳物質被帶到身體的所有細胞裡面去。這也許就是地球上的絕大多數真核生物都採用有性生殖方式的原因。也正是因為這個原因，絕大多數多細胞生物都是雙倍體的，即擁有兩份遺傳物質（一份來自「父親」，一份來自「母親」），或者至少有含有兩份遺傳物質的階段。

當然，有性生殖帶來的結果也不都是好的，比如，有性生殖的後代在獲得好的 DNA 時，也有可能獲得壞的 DNA；有性生殖可能會打破基因之間原來好的組合，有益的變異形式也有可能和有害的變異形式組合在一起；精子和卵子的形成過程步驟複雜（見下文），出錯的機會自然要比無性生殖多⋯⋯但無論如何，地球上的多數生物，特別是複雜的高等生物，還是採取了有性生殖的方式，說明有性生殖帶來的好處超過壞處。

有性生殖的主要好處，是使不同個體之間的遺傳物質能夠進行結合和交換，實現個體遺傳物質的多樣化。細菌和病毒雖然不能進行生殖細

胞融合這樣的有性生殖，但是也會採取一些手段達到類似的目的。

細菌交換遺傳物質的一種方式很有趣，稱為細菌結合（bacterial conjugation）。一個細菌和另一個細菌之間先用菌毛建立連結，菌毛收縮，將兩個細菌拉在一起，建立臨時的 DNA 通道，把自己的質粒用單鏈 DNA 的形式傳給另一個細菌，自己留下一條單鏈。兩個細菌再以單鏈 DNA 為模板，合成雙鏈的質粒。細菌結合可以發生在同種細菌之間，也可以發生在不同種的細菌之間。轉移的基因常常是對接受基因的細菌有利的，比如抵抗各種抗生素的基因、利用某些化合物的基因等，所以這是細菌之間分享對它們有益的基因的有效方式。某種細菌一旦擁有了對抗某種抗生素的基因，就可以用這種方式迅速傳給其他細菌，讓其他細菌也能抵抗這種抗生素，如圖 4-1 所示。

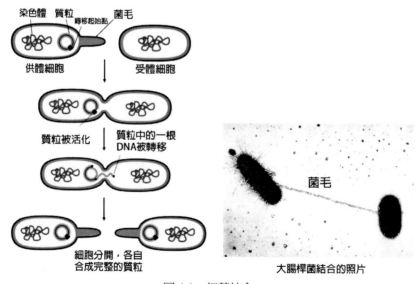

圖 4-1 細菌結合

在細菌結合中，遺傳物質是單向傳播的，細胞之間只有短暫的通道，而沒有細胞融合，所以不是典型的有性生殖。但是其結果也和多細胞生物有性生殖中遺傳物質的重新組合一樣有效（相比之下，細菌遺傳物質的重組甚至更加高效）。有人把給予遺傳物質的細菌看成雄性細菌，把接受遺傳物質的細菌看成雌性細菌，這樣的說法更多是比喻式的，因為細菌在用這種方式獲得遺傳物質後，又能提供給其他細菌。

病毒基本上就是遺傳物質外面包上蛋白質和一些脂類，沒有細胞結構，靠自己是無法繁殖的。但是一旦進入細胞，它就可以「借用」細胞裡面現成的原料和系統來複製自己。病毒在細胞內複製自己時，不同病毒顆粒的遺傳物質可能相遇，也就有機會進行遺傳物質的交換。不僅如此，病毒重組自己遺傳物質的「本事」還更大。重組不但可以在相似的（同源的）遺傳物質之間發生，還可以在不相似的遺傳物質之間發生，甚至和被入侵細胞的遺傳物質之間也可以進行交換。研究表明，病毒遺傳物質的重組發生得非常頻繁，這是病毒演化的主要方式。

許多病毒以 RNA 而不是 DNA 為遺傳物質。病毒的 RNA 通常是單鏈的，如何在單鏈 RNA 分子之間交換資訊是一個有趣的問題，為此有各種假說和猜想。一種假說是，病毒在複製自己的 RNA 時，有關的酶可以從一個 RNA 分子「跳」到另一個 RNA 分子上。這樣用兩個 RNA 分子作為模板複製出來的 RNA 分子自然是兩種 RNA 分子的混合物。另一種遺傳物質進行重組的方法是交換彼此的 RNA 片段。許多病毒的 RNA 不是一個分子，而是分成若干片段。在進行 RNA 重組時，來自不同顆粒的片段就可以進行交換。比如許多流感病毒的遺傳物質是由 8 個 RNA

片段組成的，如果人的流感病毒和禽流感病毒同時感染給豬，它們的遺傳物質在豬的細胞裡相遇，就有可能形成兩種病毒的混合體。1957 年流行的亞洲流感病毒（H2N2）的 8 個 RNA 片段中，有 5 個片段來自人的流感病毒，3 個片段來自鴨流感病毒。中國發生過的人感染 H7N9 流感的病例中，病毒的 RNA 片段有 6 個來自禽流感病毒，但是為凝集素（hemagglutinin; H）和神經胺酸酶（neuraminidase; N）編碼的 RNA 片段來源不明，說明這種病毒很可能也是透過 RNA 片段的交換而形成的。病毒的這些交換遺傳物質的方式，雖然不是典型的有性生殖，但是也非常有效，並且可以對人類的健康造成重大威脅。把這些過程看成病毒的性活動，也未嘗不可，只是沒有細胞融合的過程，也沒有明確的雌性和雄性之分。細菌和病毒的性行為說明，遺傳物質的交換和重組對各種生物都有巨大的好處，因此所有的生命形式都用適合自己的手段來做到這一點。多細胞生物的有性生殖形式，不過是把其中的一種手段定型化而已。

二、有性生殖的基礎 —— 減數分裂

透過前面的描述我們知道，多細胞生物有性生殖的核心在於有性生殖細胞（配子）的融合，因此，弄清楚有性生殖細胞（配子）的產生過程應該是深入理解有性生殖的關鍵所在。接下來，我們就將主要精力放在有性生殖細胞（配子）如何產生這個問題上。回答這個問題說簡單也簡

單，說難也難。說簡單，用四個字就可以回答 ── 減數分裂；說難，想要把減數分裂的前因後果以及具體過程說明白還真是不容易。

為了能夠將減數分裂描述清楚，我們需要三個方面知識的鋪陳：有絲分裂、同源染色體配對和 DNA 同源重組機制。

讓我們從有絲分裂開始聊起吧……

有絲分裂是真核細胞產生體細胞時所普遍採用的分裂方式，其本質是一種一分為二的分裂過程，即遺傳物質（以染色體的形式存在，染色體是由蛋白質和 DNA 構成的結構，位於細胞核中）先被複製，然後細胞分為兩個，各帶一份遺傳物質，子代細胞和親代細胞模樣類似，結構相同。有絲分裂的最大特點就是能夠保障親、子代細胞遺傳物質（染色體）數量、形態及其遺傳特性是相同的。

有絲分裂的大略過程是這樣的（見圖 4-2）：以人類的細胞為例，有絲分裂時，已經被複製的 DNA 濃聚成為幾十條染色體（如人有 46 條染色體），每個染色體含有兩條染色單體（chromatid），即細胞分裂前染色體被複製後形成的兩條 DNA 序列完全一樣的染色體。這兩條完全相同的染色單體叫做姐妹染色單體（sister chromatid），它們透過著絲點（kinetochore）相連，形成一個 X 形狀的結構。這個時候染色體在顯微鏡下最容易被看清楚，所以在臨床上常在這個階段來檢查染色體，這也給人以染色體的結構都是 X 形狀的印象。其實在細胞不分裂時，每條染色體都是單獨的，也不是在濃聚狀態，而是分散在細胞核中，不容易被看見。姐妹染色單體形成後，核膜消失，在原來細胞核的兩端有兩個發出

微管的中心，叫做中心粒（centrioles）。每個中心粒發出許多根微管（微管就是有絲分裂中「絲」的本質，其是真核細胞細胞骨架的重要組成成分），向對方中心粒的方向發散，形成一個紡錘形狀的結構，叫做紡錘體（spindle）。紡錘體中的微管有些像地球儀上的經線，只不過這些經線並不連接兩極，而是在兩個中心粒之間的某個位置終止。紡錘體中的部分微管透過著絲點和染色體相連，每一個 X 形狀染色體上的兩個姐妹染色單體都分別被來自不同中心粒的微管連接著。當所有的染色單體以這樣的方式與微管相連後，就會排列到兩個中心粒中間的一個平面上，這個平面有點像地球的赤道面，所以也被稱為赤道面（equatorial plane）。接著在微管和驅動蛋白以及動力蛋白的配合下，把每一個 X 形狀染色體上的兩個姐妹染色單體精準地分配到兩個子細胞中去。最終實現由一個細胞分裂形成兩個在染色體數量和形態上均完全一致的子代細胞的目標。

　　減數分裂的過程雖然複雜，但是其中兩次細胞分裂的機制仍然是有絲分裂，只是在有絲分裂的基礎上進行了一些修改而已。

　　有了有絲分裂知識的鋪陳後，下面我們來聊一聊有關同源染色體配對的問題。

　　在減數分裂的第一次細胞分裂中，每條染色體也已經被複製，形成由兩條姐妹染色單體連在一起的 X 形狀的染色體。但是這兩條染色單體並不像在有絲分裂中那樣彼此分開，進入兩個細胞，而是仍然連在一起，進入同一個細胞。分配到兩個細胞裡面去的，是來自父親和母親的同源染色體。例如，來自父親的 2 號染色體和來自母親的 2 號染色體就

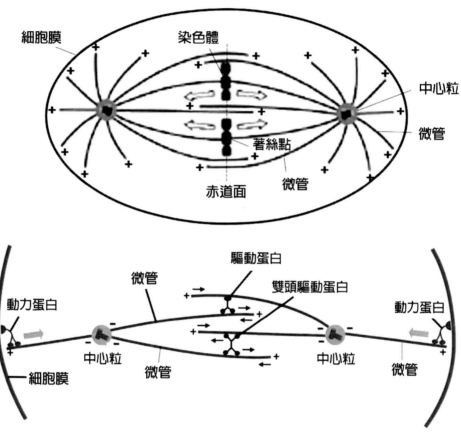

圖 4-2 有絲分裂中「絲」的本質及其運動原理

是同源染色體，它們複製後的染色單體並不被分配到兩個細胞中去，而是來自父親的染色體（這時含有兩條染色單體）進入一個細胞，來自母親的染色體（這時也含有兩條染色單體）進入另一個細胞。這樣在第一次減數分裂之後，每個細胞就只有一套染色體，如圖 4-3 所示。

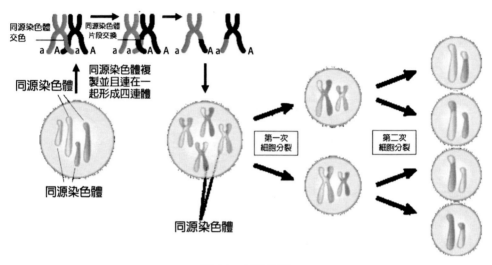

圖 4-3 減數分裂

　　不過到這裡困難就來了：細胞怎麼能夠知道哪兩條染色體是 2 號染色體，又如何把它們分配到兩個細胞中去，而不是把兩條 2 號染色體都分配到一個子細胞中去，把另外兩條同源染色體（例如 3 號染色體）都分配到另一個子細胞中去呢？在有絲分裂中，兩條姐妹染色體是透過著絲點連在一起的，所以細胞能夠識別它們是同號的染色體，透過每個染色單體的著絲點與微管相連，就可以準確地把這兩條染色單體分配到兩個細胞中去。但是來自父親和母親的同源染色體在細胞中是彼此分開的，即使在分別複製後還是相互分開的，細胞怎麼能夠識別它們呢？一個解決辦法是把這兩個同源染色體連在一起，這樣細胞就知道連在一起的兩個染色體一定是同源染色體，再想辦法把它們分配到兩個子細胞中去。這種把同源染色體連在一起的過程叫做染色體聯會（synapsis）。這是一

個高度保守的機制，從酵母、線蟲、果蠅到哺乳動物，使用的都是同一套機制，說明這個機制在真核生物出現初期就已經形成了。

　　染色體聯會是一個奇妙的過程，類似於多人舞變成雙人舞。在減數分裂的第一次細胞分裂之前，DNA 已經被複製而核膜還沒有消失時，同源染色體能夠透過核膜上的蛋白複合物在核膜上運動而相遇和配對。這是因為在每個染色體的端粒處有一些特殊的識別訊號，即由多個 12 個鹼基對組成的 DNA 重複序列，它們能夠讓同源 DNA 互相識別，叫做配對中心（Pairing Center，PC）。沒有配對中心的同源染色體不能夠彼此配對，而含有同種配對中心，其餘部分不同的染色體（即非同源染色體）卻能夠彼此配對，這就說明配對中心本身就足以使同源染色體彼此結合。不同的染色體配對中心的 DNA 序列不同，這就保證了只有同源染色體才能夠彼此配對。

　　配對中心的 DNA 序列本身並不能直接讓同源染色體互相識別和結合，而是透過蛋白質。有四種蛋白質可以結合到配對中心上，這四種蛋白質的結構中都含有鋅指（zinc finger，即能夠結合鋅離子的肽鏈環，用於與 DNA 結合），統稱為減數分裂中的鋅指蛋白（zinc finger in meiosis，ZIM）。它們分別是 ZIM-1、ZIM-2、ZIM-3 和 HIM-8，其中 ZIM 1、ZIM-2 和 ZIM-3 結合於常染色體，HIM-8 結合於性染色體（即決定性別的染色體，如人類細胞中的 X、Y 染色體）。不同的 ZIM 蛋白結合於不同的染色體上，例如在線蟲（C. elegans）中，ZIM-1 結合於染色體 II 和 III；ZIM-2 結合於染色體 V；ZIM-3 結合於染色體 I 和 IV，HIM-8 結合於 X 染色體。染色體對不同 ZIM 蛋白質的結合有助於同源染色體之間

的識別和結合。

ZIM 蛋白與配對中心的結合使得一種蛋白激酶 PLK 2（Polo-Like Kinase 2）被召集到配對中心。PLK-2 能夠使一種位於兩層核膜之間、叫做 SUN-1（Sad1/unc-84）的蛋白胺基端的一個絲胺酸殘基磷酸化。磷酸化的 SUN-1 蛋白除了和位於細胞核內染色體配對中心的 PLK-2 結合外，還和細胞核外一種叫做 ZYG-12 的蛋白質結合，ZYG-12 再和細胞核外的動力蛋白（dynein）結合，而動力蛋白能夠在細胞核外的微管上「行走」，這樣就形成一條「染色體—ZIM—PLK2—SUN-1—ZYG-12—dynein—微管」的蛋白鏈，它橫穿兩層核膜，把染色體連接到細胞核外的微管上。動力蛋白就可以「拉」著染色體的端粒部分，讓染色體沿著核膜「行走」。透過細胞核外微管的導向，動力蛋白就可以透過蛋白鏈逐漸把染色體的端粒部分都集中到細胞核的一端，而讓染色體的著絲點位於細胞核的另一端。這樣，所有染色體的端粒都朝向同一方向，並透過蛋白鏈和核外的微管相連，染色體的其他部分則在細胞核內散開，形成一個花束（bouquet）的形狀。這使得染色體基本上呈平行排列狀態，便於它們彼此配對，如圖 4-4 所示。

一開始不同的染色體之間隨機地透過著絲點暫時相連，但是透過配對中心的識別，非同源染色體之間的連結解離，最後只剩下同源染色體之間的配對。這就像是一開始的群舞逐漸變成了許多雙人舞，只有同源染色體能夠彼此配對。這樣由兩個同源染色體形成的結構叫做四分體（tetrads），因為它含有四條染色單體（每條染色體都含有兩條姐妹染色單體，參見圖 4-3）。

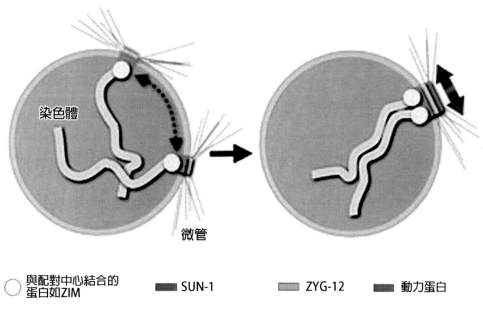

圖 4-4 同源染色體聯會

四分體形成後，來自同源染色體的染色單體平行排列。Spo11 蛋白在染色單體上造成雙鏈斷裂，並且進行 DNA 片段的交換，即同源重組（見下文）。同源重組完成後，四分體中的兩條染色體並不分開，仍然透過著絲點連結在一起。每條染色體中兩條姐妹染色單體的著絲點融合在一起，使得四分體只有兩個著絲點，每條染色體一個，分別和來自紡錘體兩極的微管相連。這樣，在第一輪細胞分裂時，同源染色體就能夠被準確地分配到兩個子細胞中去了。

因此，同源染色體之間透過「雙人舞」的配對，不僅導致了同源重

組，即對來自父親和母親的基因進行「洗牌」，還把同源染色體連結在一起，使得它們能夠為細胞所識別，被分開到兩個子細胞中去。這就破解了細胞如何識別同源染色體，並且將它們分離到兩個細胞中去的難題。

到目前為止，我們已經有了有絲分裂的相關知識，也知道了減數分裂過程中同源染色體配對的發生原因及其機制，還大概了解到在同源染色體配對過程中會發生一種被稱為 DNA 同源重組的現象，那麼 DNA 同源重組是如何發生的？其機制怎樣？對於有性生殖而言具有什麼意義和價值？帶著這一系列問題，讓我們一起走進 DNA 同源重組吧……

其實，染色體聯會不僅解決了同源染色體識別和分配的問題，還由於來自父親和母親的染色體被連在一起，它們之間就可以進行 DNA 片段的交換，即同源重組，使得來自父親和母親的基因能夠存在於同一條 DNA 鏈上，從而使後代的基因組成更加多樣化，提高它們的生存能力。而在 DNA 鏈之間交換片段的機制，卻是原核生物為了修復 DNA 損傷而發明的。原核生物也許自己都沒有想到，它們的這項發明，後來卻被真核生物繼承，成了減數分裂的重要內容。

原核生物基本上是單細胞生物，個頭很小，只有 1 微米左右，DNA 又是高度複雜而且脆弱的分子，高能射線（如紫外線）的照射就能使其斷裂。在地球大氣層中還沒有氧的時候（如在釋放氧氣的光合作用出現之前），大氣層的外部沒有臭氧層來阻擋大部分的紫外線，來自太陽的紫外線輻射比現在強烈得多，原核生物 1 微米大小的細胞根本擋不住紫外線。為了生存，原核生物演化出了修復 DNA 損傷的機制，其中一種就是修復 DNA 雙螺旋中兩條 DNA 鏈都斷裂的損傷。原核生物是單倍

二、有性生殖的基礎—減數分裂

體，正常情況下細胞裡面只有一份遺傳物質，但在細胞分裂前，DNA
會進行複製，於是原核生物就暫時擁有了兩份遺傳物質，基於遺傳物質
份數的情況，原核生物也發展出了兩種修復 DNA 雙鏈斷裂的機制。第
一種是在細胞只有一份遺傳物質時，這時 DNA 的修復沒有模板，只能
把斷端直接連接起來。原核生物使用兩種蛋白來修復 DNA 雙鏈斷裂：
蛋白質 Mu 和多功能酶 LigD。Mu 能夠結合到 DNA 的斷端，同時召集
LigD 到 DNA 的斷裂處。LigD 蛋白同時有核酸酶 (nuclease，除去 DNA
分子上的一些核苷酸單位)、DNA 聚合酶 (polymerase，以另一條 DNA
鏈為模板，合成新的 DNA 序列) 和連接酶 (ligase，把 DNA 的斷端連接
起來) 的活性，可以根據 DNA 雙鏈斷裂的情況，如兩條 DNA 鏈是在相
同的地方斷裂還是在不同的地方斷裂，對 DNA 的斷端進行加工，再把
斷端連接起來。由於這種連接方法有時會造成一些 DNA 序列的變化 (新
增或失去一些序列)，如果變化的 DNA 序列又正好在為蛋白質編碼的
區段內，就有可能造成蛋白質序列的改變，所以這種 DNA 的修復效果
一般都不是很理想。而在 DNA 複製後，原核生物暫時擁有了雙份遺傳
物質，也就是暫時變成了雙倍體，受到損傷的 DNA 鏈就有可能用另一
條 DNA 鏈為模板來修復自己，這種修復機制可以使斷裂前的序列完全
恢復，所以是更好的修復機制。原核生物在發生 DNA 雙鏈斷裂時，一
個由 3 種蛋白質 (RecB、RecC、RecD) 組成的複合物 RecBCD 就會結合
在斷裂端上。複合物中的 RecC 和 RecD 會把 DNA 的兩條鏈分開，RecB
則把其中的一條鏈 (具有 5' 末端的鏈) 切短，使得具有 3' 末端的鏈成為
單鏈 DNA。接著另一種蛋白質 RecA 結合在單鏈上，開始在模板 DNA

上尋找相同的 DNA 序列。一旦這樣的序列被找到，單鏈 DNA 就會和模板 DNA 中序列互補的鏈結合，置換出原來與互補鏈結合的 DNA 鏈。然後，DNA 聚合酶以互補鏈為模板，延長單鏈 DNA，並且進行到超出原先 DNA 斷裂的位置，直到斷裂處另一端被切短了的 5' 末端。被置換的 DNA 鏈現在為單鏈，可以和斷裂處另一端的 DNA 單鏈結合，並且作為模板，將斷鏈從 3' 端延長，直至原先被 RecB 切短了的 5' 端。當這兩根單鏈被延伸到原來同鏈的斷端時，延伸停止，DNA 連接酶把延伸鏈和斷端鏈連接在一起。如此一來，兩條雙鏈 DNA 就各有一條 DNA 鏈和對方的 DNA 鏈互換。如果把其中一個 DNA 雙螺旋在交匯處旋轉 $180°$，就會形成一個十字形的結構。這個結構在 1964 年由英國科學家霍利迪（Robin Holiday，1932—2014）提出，並得到電子顯微鏡圖像的證實，稱為霍利迪交叉（Holiday Junction）。這個交叉的結構可以看成是兩個 DNA 雙螺旋以「頭對頭」的方式靠近，然後兩條鏈分開，各自與對方的單鏈連接，形成另外兩個雙螺旋，組成一個十字形結構，如圖 4-5 所示。

到了這一步，就有兩種方式使這個十字形結構的 DNA 鏈斷開並換鏈重新連接，恢復為兩個獨立的 DNA 雙螺旋。一種方式是把交叉的 DNA 鏈斷開，重新與原來的 DNA 鏈連接，這樣兩個 DNA 雙螺旋之間就沒有片段交換。另一種方式是保留交叉的 DNA 鏈，將未交叉的 DNA 鏈斷開，再與對方的 DNA 鏈相連，使兩條 DNA 鏈都實現互換，使得原來的兩個 DNA 雙螺旋實現片段互換。在原核生物中，由於修復 DNA 的模板是原來 DNA 的複製品，這樣的片段交換並不會造成 DNA 序列的改變。但是如果用於修復的模板來自另一個細胞，這樣的 DNA 片段互換

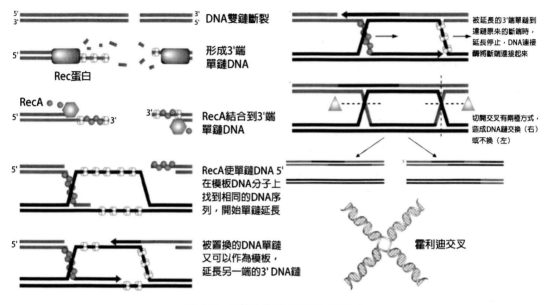

圖 4-5　原核生物修復 DNA 的方式

就能夠讓外來 DNA 取代自身的一些 DNA 片段，相當於採用了另一個原核細胞的部分 DNA，使自己的 DNA 形式多樣化，這對於適應環境的變化是有利的。由於 DNA 片段的交換發生於相同（如 DNA 和它的複製品）或者同源（來自同一物種，但是不同個體的）的 DNA 之間，這種 DNA 之間的片段交換叫做同源重組。

　　真核生物的細胞是雙倍體，即含有來自父親和母親的兩份遺傳物質，兩條對應的染色體雖然含有同樣的基因，但是基因的 DNA 序列並不完全相同。在這種情況下，來自父親和母親的 DNA 片段互換就可以形成新的基因組合，使後代的基因更具多樣性，可以更好地適應環境的

121

變化，原核生物的 DNA 修復機制也就被真核生物繼承下來，用來進行基因交換，即同源重組。為了增加重組的頻率，真核生物不再被動地等待 DNA 的自然原因斷裂，而是主動地創造這種斷裂，這就是一種叫做 Spo11 的酶的功能，該酶能夠在 DNA 分子上造成雙鏈斷裂，以模仿射線造成的 DNA 斷裂。DNA 斷裂形成後，再用和原核生物同樣的 DNA 修復機制實現同源重組。動物、植物、真菌、古細菌都含有 Spo11 類型的蛋白質，說明這個啟動同源重組的蛋白質已經有很長的演化歷史，在真核生物和古菌的共同祖先中就已出現。

至此，有關有絲分裂、同源染色體配對和 DNA 同源重組機制三個方面的知識鋪陳告一段落，有了這一系列知識作為儲備，有性生殖細胞（配子）的產生過程，即減數分裂，就容易理解了。

真核生物的細胞在進行減數分裂時，一開始和形成體細胞的有絲分裂相同，首先要進行 DNA 的複製，形成精母細胞（spermatocyte）和卵母細胞（oocyte）。染色體複製後形成的兩條相同的 DNA 分子也是在一個叫著絲點的地方相連，形成一個 X 形狀結構的染色體，其中每條染色體叫做姐妹染色單體，它們的 DNA 序列完全相同。每個細胞含有兩套這樣的染色體，一套源自父親，一套源自母親，它們之間 DNA 的序列有一些差別，且彼此獨立。

但是在進行第一次細胞分裂時，情形就不同了。在形成體細胞的有絲分裂中，每個 X 形染色體中的姐妹染色單體分別與來自紡錘體兩端的微管透過著絲點結合，再被運送到兩個子細胞中，來自父親的染色體和來自母親的染色體彼此互不相關，因此在形成的子細胞中，來自父親

的染色體和來自母親的染色體仍然和當初受精卵中的情形一樣，彼此獨立。而在減數分裂中，DNA 複製加倍後，來自父親的染色體和來自母親的同源染色體卻透過「雙人舞」彼此結合。兩個同源染色體的染色單體相鄰排列，透過 Spo11 蛋白的作用在 DNA 鏈上形成雙鏈斷裂，在染色單體之間形成霍利迪交叉，把兩個同源染色體連在一起。由於每條染色體含有兩條染色單體，這樣形成的結構叫做四分體。在四分體中，同源染色單體互相交叉，進行 DNA 片段交換，即同源重組，參見圖 4-3。

在同源重組後，連接兩條姐妹染色單體的著絲點彼此融合，這樣每條染色體就只有一個著絲點能夠與來自紡錘體的微管相連，相當於普通有絲分裂中的染色單體，只能與來自紡錘體中不同中心粒的微管相連。在細胞分裂時，兩個同源染色體就被轉運到兩個子細胞中去。因此在減數分裂中的第一次細胞分裂中，分開的是同源染色體，每個同源染色體仍然含有兩條染色單體，染色單體只是已經發生了 DNA 片段交換。第一次細胞分裂的結果就是染色體的數量減半。

在第二次細胞分裂中，每條染色體中的姐妹染色單體彼此分離，進入不同的子細胞。這個過程也和體細胞的有絲分裂一樣，只不過要分離的染色體數目少一半，而且每條染色單體有可能已經發生了片段交換。這樣，最後形成的生殖細胞只含有一份遺傳物質，是單倍體細胞。這樣的單倍體生殖細胞（精子和卵子）結合後，就正好恢復為上一代生物的雙倍體狀態，有性生殖就可以一直進行下去了，參見圖 4-3。

細胞在進行減數分裂前要進行 DNA 複製，需要兩輪有絲分裂才能變成單倍體，最後形成的單倍體細胞也因此是 4 個，而不是普通有絲分

裂的 2 個。對於精母細胞來說,最後形成的 4 個單倍體細胞都發育成精子,但是卵母細胞最後形成的 4 個單倍體細胞中,只有 1 個發育成卵子,其餘 3 個細胞都變成極細胞(polar cells)而退化。由於生殖細胞得到的遺傳物質經過了同源重組,也就是進行了基因的「洗牌」,因此在每條染色單體中,有可能既含有來自父親的基因,也含有來自母親的基因,生殖細胞基因的組成就既不同於父親,也不同於母親,彼此也不相同。生殖細胞結合產生的後代中,每個都有自己獨特的 DNA 組成。由於基因重組的可能性幾乎無窮無盡,後代的這種 DNA 組成只能出現在具體的個體身上,這就使得每個生物個體都是獨一無二的。這種個體之間遺傳物質組成的差異,給進行有性生殖的生物更高的適應環境變化的能力,對於物種的繁衍是有利的。

三、有性生殖中需要確保選擇的異性不是近親

既然有性生殖的主要優點是結合同一物種中不同個體的遺傳物質,以使後代的基因呈現多樣性,從而更好地適應環境的變化,那麼就需要避免近親交配(inbreeding),即遺傳物質相近的個體之間的交配,例如,在兄弟姐妹之間(同父母)、表兄弟姐妹之間以及堂兄弟姐妹之間。換句話說就是,為了保持有性生殖的突出優勢,需要讓結合的兩個生物個體的遺傳物質盡可能地不同。如果交配的兩個個體來自同一家庭或家族,由於他們的基因來自共同的祖先,遺傳物質相似的程度相對較高,

有性生殖的好處就有可能大打折扣。

如果兄妹都從父親或母親那裡繼承了同樣的缺陷基因，這個缺陷基因就可能進入精子和卵子。如果帶有這個缺陷基因的精子和卵子結合，產生的後代就會有兩份基因是缺陷型的，將造成嚴重的後果。在人類中，表兄妹結婚生下有缺陷孩子的例子並不少見。用近親交配得到的純種動物（如純種狗）也常常帶有遺傳病。當動物族群中個體數量太少時，近親交配就容易發生，產生質量較差的後代，從而威脅到物種的生存。

動物如此，植物也一樣。小麥和大豆的自花傳粉相當於是自己和自己「結婚」，是「同親結婚」。如果長期沒有來自其他個體的遺傳物質，它們就會逐漸退化。例如小麥連續自花傳粉 30 ～ 40 年，大豆連續自花傳粉 10 ～ 15 年後，就會逐漸衰退而失去栽培價值。所以從植物、動物到人，都要極力避免近親交配（同代近親）或者亂倫（異代近親）。人類社會早就從實踐中認識到近親結婚的壞處，形成了規定和習俗來加以防範。除了親姐弟或親兄妹不能結婚外，三代以內旁系血親也是禁止結婚的。

但是，植物和動物又不能像人類那樣認識到近親交配的壞處，它們是如何避免近親交配的呢？

高等植物的有性繁殖是透過花來進行的，花就是高等植物的繁殖器官。花的結構分為營養部分和繁殖部分。營養部分稱為花被（perianth），包括花萼（calyx）和花冠（corolla）。繁殖部分包括雄性和雌

性的器官。雄性器官為雄蕊（stamen），雄蕊上有花藥（anther），裡面的花粉含有雄配子（androgamete），相當於動物的精子。雌性器官為雌蕊（gynoecium），雌蕊上有子房，子房裡面有胚珠（ovule），胚珠裡面有雌配子（oogamate），相當於動物的卵子。子房前端有花柱（style），最前端有（stigma）。花粉落在柱頭上，會向胚珠長出花粉管。雄配子沿著花粉管到達雌配子處，與雌配子結合，然後發育成為種子，如圖 4-6 所示。

　　許多植物是雌雄同花的，即在同一朵花上既有雄蕊，又有雌蕊。由於植物不能像動物那樣移動去尋找配偶，在植株密度很低時，自花傳粉也能夠產生有性生殖的後代。雖然這些後代的基因全部來自上一代植物，但是由於生殖細胞在形成的過程中進行了 DNA 的同源重組，來自雄性親本和雌雄親本的基因進行了「重新洗牌」，自花傳粉的後代並不是上一代的人工複製，而且後代之間也彼此不同。雖然這種方式不如異花傳粉（相當於不同動物個體之間的交配）效果好，但是也部分實現了有性生殖的初衷，使其遺傳物質多樣化。這對於無法移動的植物來說是有好處的。即便如此，自花傳粉的後代並不能獲得新的基因形式，而只是上代基因的重新排列。如果能夠實行異花傳粉，有性生殖的優越性才有可能充分展現，因此植物也發展出了各種機制來避免自花傳粉。

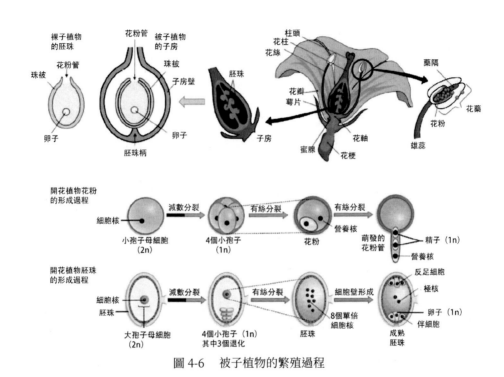

圖 4-6　被子植物的繁殖過程

　　一種辦法是把雄蕊和雌蕊分開，不讓它們在同一朵花中。這樣就有了雄花和雌花。雄花產生的花粉必須離開花朵才能到達雌花，這就使得不同植株之間的花粉交換成為可能。雄花和雌花長在同一株植物上叫雌雄同株，如玉米，它的雄花長在植株的頂端，雌花長在葉腋。雄花和雌花長在不同的植株上叫雌雄異株，如楊樹和柳樹。對於雌雄同花的植物，避免自花傳粉也有一種辦法，就是讓雄蕊和雌蕊成熟的時間錯開，使得自花傳粉不能有效進行，如萵苣就是雄蕊先成熟，雌蕊後成熟；甜菜則是雌蕊先成熟，雄蕊後成熟。另一種方式是雄蕊和雌蕊的位置使得

127

自花傳粉不可能,如報春花。第三種辦法是讓同株植物的花粉落在柱頭上後不能萌發,或者無法使雌配子受精,如蕎麥。科學家還發現,為了避免自花傳粉,有些植物還採取了「高科技」的方式。例如,矮牽牛(Petunia inflat)能夠在花中表現一種核酸酶(S-RNase,其中的 S 指 Self),它能夠殺死同株植物的花粉,使得自花傳粉不可能有效進行。植物採取的這些措施也表明,有性生殖對於物種的繁衍是有好處的,而避免近親交配,也是植物充分發揮有性生殖優點而發展出來的做法。

與植物不同,動物是能夠活動的,所以動物避免近親交配的辦法要比植物多。一種方法是讓子女彼此分開,到不同的地方去生活,例如狐狸媽媽就會把基本長成的子女驅趕走,不讓牠們一直和原來的家庭在一起。這固然是為了避免家庭成員之間對資源的競爭,同時也減少近親交配的機會。有的動物是雌性出走,雄性留下,如黑猩猩。有的是雄性出走,雌性留下,如獅子。大猩猩是雌性和雄性都外遷。鳥類由於能夠飛翔,遷徙的距離更遠,近親交配的機率更低。第二種方法叫稀釋法,動物生活在極大的群體中,遇見家庭成員的機率非常小,自然也不容易發生近親交配,如非洲的角馬(wildebeest)可以幾十萬,甚至上百萬隻生活在一起,要遇見兄弟姐妹的機會微乎其微。第三種方法是雌性動物和多個雄性動物交配,這樣總會有一些雄性不是家庭成員,如駱駝、狨(marmosets)、鯨魚、蜜蜂、海龍(pipefish)。從小一起長大的兄弟姐妹會熟悉彼此的叫聲和身體特徵,這些資訊存入大腦中,會抑制對家庭中的異性成員產生性要求,如讓來自不同家庭的雄性和雌性小鼠在一起長大,它們的生殖期就會推遲,似乎已經把彼此認為是兄妹,而激發不起

交配的願望。不過這些方法都不能完全避免近親交配,如出走的家庭成員有可能再彼此遇見,生活在群體中的動物也可以遇見兄弟姐妹,和多個雄性交配也可能包括家庭成員,對於從小「離家出走」的家庭成員,用叫聲和身體特徵來辨別的辦法就不起作用。更好的辦法是動物能夠識別近親,主動地避免與牠們交配。可是同種生物中不同個體之間 DNA 的組成極為相似,怎樣才能區別親屬和非親屬呢?例如人類,即使非家庭成員之間,DNA 序列的差別也還不到 0.1%。因此基因的主要產物蛋白質也只有微小的差別,一般只有個別胺基酸單位不同。這樣微小的差別是難以區分親屬和非親屬的。有沒有個體之間差異非常大的基因,可以用來鑑別個體之間關係的親疏呢?初看起來,這樣的情形是很難發生的,因為在不同的個體中,絕大多數蛋白質執行的功能是相同的,它們的胺基酸組成就不會差別太大。例如,人血紅蛋白中一個胺基酸單位的差別就可以使血紅蛋白的形狀改變,使人患鐮刀型貧血。有什麼蛋白質能夠有非常不一樣的胺基酸組成,又能夠執行它的正常功能呢?

這樣的蛋白質還真被科學家找到了,這就是主要組織相容性複合體(Major Histocompatibility Complex, MHC)。它的作用不是執行人體內通常的生理功能,而是「舉報」外來微生物(包括細菌和病毒)。由於細菌和病毒的種類極其繁多,就需要多種這樣的分子來結合和識別它們,使得人之間 MHC 分子的差異非常大。MHC 有兩種:MHC Ⅰ 和 MHC Ⅱ,其中 MHC Ⅰ 報告細胞有沒有被病毒入侵,MHC Ⅱ 報告身體有沒有被細菌入侵(多在細胞外)。MHC 是怎樣向身體報告「敵情」的呢?任何生物(包括病毒)都需要一些自己特有的蛋白質才能生存,所

以檢查有沒有外來微生物的蛋白質，就是發現這些微生物的有效手段。動物身體裡面幾乎所有的細胞（紅血球除外）都含有 MHC Ⅰ，這些細胞把細胞裡面的各種蛋白質進行取樣，即把它們切成約 9 個胺基酸長短的小片段，把這些小片段結合到 MHC Ⅰ 上，再和 MHC Ⅰ 一起被轉運到細胞表面。MHC Ⅰ 分子就像是「舉報員」，用兩隻「手」舉著蛋白質片段，向身體說，「看，這個細胞裡有這種蛋白質。」如果舉報的是細胞自己的蛋白質片段，身體就會置之不理。但是如果細胞被病毒入侵，產生的病毒蛋白質就會這樣被 MHC Ⅰ「揭發」，身體就知道這些細胞被病毒感染了，就會把這些細胞連同裡面的病毒一起消滅。對於細胞外面的細菌，人體有專門的細胞，例如巨噬細胞（macrophage）來吞噬它們。被吞噬的細菌在細胞內被殺死，它們的蛋白質也被切成小片段，不過這些小片段不是結合於 MHC Ⅰ 上，而是結合於 MHC Ⅱ 上並和 MHC Ⅱ 一起被轉運到細胞表面，向身體報告：「瞧，我們的身體裡有細菌入侵啦！」身體接到訊號後，就會生產專門針對這種細菌蛋白質的抗體（antibody，一種能夠特異地結合外來分子的蛋白質分子），為這些細菌做上標記，再由其他細胞將其消滅。

　　無論是人體自身的蛋白質，還是微生物的蛋白質，都有千千萬萬種，它們產生的片段也多種多樣。為了結合這些蛋白質片段，只靠一種 MHC 是不夠的，所以人體含有多個 MHC，各由不同的基因編碼。例如，人的 MHC Ⅰ 主要有 A、B、C 三個基因，它們的蛋白質產物和另一個基因的產物（β- 微球蛋白）一起，共同組成 MHC Ⅰ。其中 A、B、C 蛋白都可以結合蛋白質小片段。由於人的細胞是雙倍體，即有來自父親

和母親的各一套基因，每個細胞都有兩個 A 基因、兩個 B 基因和兩個 C 基因，因此每個細胞都有 6 個主要的 MHC Ⅰ 基因。不僅如此，A、B、C 基因還有 1,000 多個不同的形式。由於變種的數量如此之大，每個人得到這些基因中的某一個變種的情形又是隨機的（要看父親和母親具有的是哪一個變種），光是 MHC Ⅰ 的 A、B、C 基因的組合方式就至少有 10^{18} 種，也就是 100 億億種組合方式！這已經遠遠超出地球上人口的總數。MHC Ⅱ 分子也主要有三大類基因，分別是 DP、DQ 和 DR，每個基因也有多種形式，所以 MHC Ⅱ 基因的組合方式數量也極其龐大。因此 MHC 基因的組合方式多得難以想像，但是每個動物個體只擁有其中少數幾種，這就造成動物之間 MHC 分子形式的差異非常大，在人身上就成為組織排斥的主要原因。既然動物個體之間擁有的 MHC 基因形式差別很大，它們結合的蛋白質小片段就會不同，這些被結合的蛋白質小片段的差異就會使每個動物個體有不同的氣味，能夠被同種動物的其他個體聞到，作為判斷是否是近親的根據。

近親由於擁有共同的祖先，MHC 形式會比較相近，而非近親的動物個體由於來自不同的祖先，它們的氣味會有顯著差異。可是由 9 個胺基酸組成的蛋白質小片段是不具揮發性的，它們是如何被求偶動物的嗅覺器官感知到的呢？小鼠實驗表明，這些蛋白質小片段可以在動物直接接觸（比如用鼻尖去接觸對方的身體）時被轉移到求偶動物的鼻子上。用化學合成的蛋白質小片段進行實驗表明，小鼠的鼻子能嗅到極低濃度（0.1 納摩爾，即 10^{-10} 摩爾）的這些小片段，而不需要 MHC 的部分。這些片段連同結合它們的 MHC 也出現在動物的尿液中和皮膚上，既可

以直接被求偶動物感知，也可以被微生物代謝成具有氣味的分子而被感知，從而能夠讓動物辨別另一個個體是否是近親而避免與之交配。

人身上也有同樣的情形。在一項研究中，科學家讓若干男性大學生連穿兩天（包括睡覺）汗衫，這樣這些男性的氣味就被吸收在汗衫上。然後讓若干女性大學生去聞這些汗衫，挑選出她們所喜歡的氣味來。結果具有女性大學生喜歡的氣味的男性，他們的 MHC 類型和這些女性的差異最大。這樣的結果在一些人群中已婚夫婦的 MHC 類型上也可以看到。比如研究發現，歐洲血緣的配偶和美國的胡特爾（Hutterite）群體（也來自歐洲，但是在婚姻上與外界隔絕）的已婚夫婦中，MHC 不相似的程度遠比整個基因組的不相似程度高。當然，人是有豐富精神生活的社會動物，人在求偶時要考慮的因素很多，社會和文化背景也有很大的影響。許多男女結了婚又離婚，說明 MHC 的差異性並不是決定人類擇偶的唯一因素。但是 MHC 類型的差異程度確實在人們不經意間起作用。MHC 差異大肯定不是建立和維持一個婚姻的充足條件，卻很可能是必要條件。

四、「性別反轉人」的研究告訴我們真正決定性別的是基因

有性生殖的出現導致了同一物種中雄性和雌性的分化，表面上看決定性別的方式各式各樣，如人的性別依靠性染色體（X、Y）決定、雞的

四、「性別反轉人」的研究告訴我們真正決定性別的是基因

性別依靠另外類型的性染色體（Z、W）決定、蜜蜂的性別依靠遺傳物質的份數（雌蜂為雙倍體，雄蜂為單倍體）決定等，但深入研究後我們會發現，真正決定性別的、更本質的原因其實還是來自基因。

以人類為例，決定人性別的基因的線索來自所謂的「性別反轉人」：有些人的性染色體明明是 XY，卻是女性，而一些 XX 型的人卻是男性。研究發現，一個 XY 型女性的 Y 染色體上有些地方缺失，其中一個缺失的區域含有一個基因，如果這個基因發生了突變，XY 型的人也會變成女性。而如果含有這個基因的 Y 染色體片段被轉移到了 X 染色體上，XX 型的人就會成為男性。這些現象說明，這個基因就是決定受精卵是否發育為男性的基因。Y 染色體上含有這個基因的區域叫做 Y 染色體性別決定區（Sex-determining Region on the Y chromosome, SRY），這個基因也就叫做 SRY 基因。近一步的研究發現，許多哺乳動物（包括有胎盤哺乳動物和有袋類哺乳動物）都有 SRY 基因，所以 SRY 基因是許多哺乳動物的雄性決定基因。SRY 基因不是直接導致雄性特徵發育的，而是透過由多個基因組成的性別控制鏈起作用。SRY 基因的產物先活化 Sox9 基因，Sox9 基因的產物又活化 Fgf9 基因，然後再活化 Dmrt1 基因。這個性別控制鏈上的基因，如 Sox9 和 Fgf9 表達的產物，會抑制卵巢發育所需要的基因（如 Rspo1 和 Wnt4）的活性，使得受精卵向雄性方向發展。如果沒有 SRY 基因（即沒有 Y 染色體），受精卵中其他的一些基因（如前面提到的 Rspo1 和 Wnt4）就會活躍起來，其產物促使卵巢的生成，而抑制 Sox9 和 Fgf9 基因的活性，使睪丸的形成過程受到抑制。所以，男女性別的分化是兩組基因相互鬥爭的結果，如圖 4-7 所示。

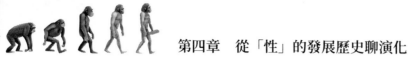

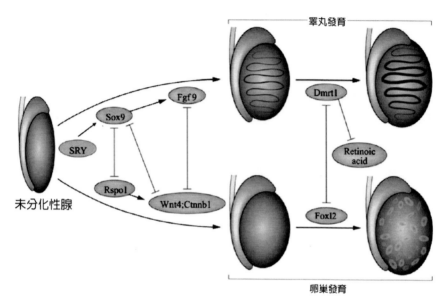

圖 4-7　控制性別分化的基因

　　Dmrt1（doublesex and mab-related transcription factor 1）基因位於哺乳動物中性別控制鏈的下游。人和老鼠 Dmrt1 基因的突變都會影響睪丸的形成，說明 Dmrt1 基因的確和雄性動物的發育直接有關。不僅如此，它還是鳥類的雄性決定基因，而且位於鳥類性別分化調控鏈的上游（它的前面沒有 SRY 這樣的基因）。Dmrt1 基因位於鳥類的 Z 性染色體上，不過和人 Y 染色體上的一個 SRY 基因就足以決定雄性性別不同，一個 Z 染色體上的 Dmrt1 基因還不足以使鳥的受精卵發育成雄性，而是需要兩個 Z 染色體上的 Dmrt1 基因。所以擁有一個 Dmrt1 基因的鳥類（ZW型）是雌性。Dmrt1 基因雖然是決定動物性別的核心基因，但是在一些

哺乳動物中，其地位卻受到排擠，不僅被擠到了性別決定鏈的下游，而且被擠出了性染色體。例如人的 Dmrt1 基因位於第 9 號染色體上，老鼠的 Dmrt1 基因在第 19 號染色體上。這就可以解釋為什麼哺乳動物的 XY 和鳥類的 ZW 都是性別決定基因，它們之間卻沒有共同的基因，因為它們所含的性別主控基因是不同的，在哺乳動物中是 SRY，而在鳥類中則是 Dmrt1。

　　Dmrt1 也是決定一些魚類雄性發育的基因。比如日本青鱂魚（Japanese medaka fish）和哺乳動物一樣，也使用 XY 性別決定系統。不過這種魚的 Y 染色體並不含 SRY 基因，而是含有 Dmrt1 基因的一個類似物，叫做 DMY。DMY 和哺乳動物 Y 染色體上的 SRY 一樣，單個 DMY 基因就足以使魚向雄性方向發展，而不像鳥類 Z 染色體上的 Dmrt1 基因那樣，需要兩個基因（即 ZZ 型）才具有雄性決定能力。Dmrt1 基因變身後，還能成為雌性決定基因。比如使用 ZW 性別決定系統的爪蟾，在其 W 染色體上含有一個被截短了的 Dmrt1 基因，叫做 DM-W。因為其產生的蛋白質是不完全的，所以沒有 Dmrt1 的雄性決定功能，但 DM-W 能干擾正常 Dmrt1 基因的功能，使雄性發育失敗。所以帶有 DM-W 基因的 W 染色體的爪蟾是雌性的。Dmrt1 基因的類似物甚至能決定低等動物的性別。比如果蠅含有一個雙性基因（doublesex），它轉錄的 mRNA 可以被剪接成兩種形式，產生兩種不同的蛋白質，其中一種使果蠅發育成雄性，另一種使果蠅發育成雌性。Dmrt1 的另一個類似物 —— mab-3，和線蟲的性分化有關。其實所有這些蛋白質都含有非常相似的 DNA 結合區段，叫 DM 域（Doublesex/mab domain），說明

Dmrt1 基因有很長的演化歷史，是從低等動物到高等動物（包括鳥類和哺乳類）反覆使用的性別決定基因。哺乳動物不過是發展出了 Soy9 和 SRY 這樣的上游基因來驅動 Dmrt1 基因。

因此，在基因層級上，動物性別決定的機制也是高度一致的。性染色體在表面上顯現出來的困惑，其實不過是性染色體上控制 Dmrt1 基因的主控基因在不同的生物中不一樣，而 Dmrt1 基因又不一定在性染色體上而已。

性的發展歷史告訴我們，億萬年來，生命變換著各種方式去讓自身的基因變得多樣化，並希望透過這樣的努力確保自己及後代能夠不斷地適應環境的變化，能夠不斷地成為自然選擇中的優勝者……但細細品味，我們不難發現，在這一系列努力的背後，其實還是地球生命無法割捨的那些最基本的物質、能量與資訊，如此看來，地球的各種生命可謂是「不忘初心」啊。

接下來，讓我們一起來關注一下「人」。人類是到目前為止地球生命演化的集大成者，對於其演化過程的研究又有哪些值得我們期待的呢？請看下一章……

第五章
從「人」的發展通史看演化

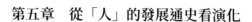

人類，是一種以「萬物之靈」自居的智慧生命。

「她從哪裡來？又會到哪裡去？」這個簡單的提問像魔咒一樣吸引著每一個人。帶著對這個問題刻骨銘心的永恆好奇，人類始終沒有停下探索的腳步：找化石、剖結構、做比較、建構樹狀圖、測基因……每當有新的理念、新的方法、新的技術產生時，人類總是不會放棄運用這些創新的手段對這個問題探索一番。

雖然時至今日「人類從哪裡來？又會到哪裡去？」的問題也還沒有一個確切的結論，但隨著人類鍥而不捨的努力，我們正在層層掀起掩蓋在人類演化歷程上的面紗，真相正在慢慢露出端倪……

一、化石中講述的人類發展通史

從數量角度觀察人類：目前全世界有 70 多億人；根據人的形態特徵（如膚色、毛髮顏色和形狀、鼻的形狀、眼部形態特徵及眼色等）分析人類：德國學者布魯門巴赫（J. F. Blumenbach）將人類分為 5 個種族，分別是白種人（高加索人）、黃種人（蒙古人）、黑種人（尼格羅人）、紅種人（亞美利加人）和棕種人（馬來人）；按照人分布的地理、地域思考人：1961 年加恩（S.M.Garn）將人類劃分為 9 個地理族（相當於亞種）和 34 個地方族，9 個地理族分別為美洲印第安人（Amerindians）、波利尼西亞人（Polynesian）、密克羅尼西亞人（Micronesian）、美拉尼西亞 - 巴布亞人（Melanesian-Papuan）、澳洲人（原住民）（Australoids）、亞洲人、

印度人、歐洲人及非洲人……這一切看上去都讓人們感覺到人類在地球上簡直就是一種熱鬧非凡的生物。但從分類學的角度，人類可能是這個星球上最孤獨的生命類型之一：現代人屬於智人種，是世界上現存的唯一人種，在生物學上，世界上的人種只有一種，屬於哺乳動物綱—靈長目—人科（Hominidae）—人屬（Homo）—智人種（Homo sapiens）。

從演化的角度，人類肯定不是憑空產生的，而是經歷了漫長的演化發展而來的，研究表明，現代人與現代類人猿（黑猩猩、猩猩、大猩猩）擁有最原始的共同祖先，只不過在演化過程中分異，最終形成了今天的現代人和現代類人猿而已。那麼，現代人與現代類人猿的祖先是何時走上不同演化道路的？從最早的祖先到現代的智人，經歷了哪些中間的演化階段，包含哪些中間類型？人類還有哪些直系和旁系的祖先？現代智人的若干人種起源於何時、何地和怎樣形成的？……面對這一系列人類生物學演化的重要問題，最直接的辦法應該就是尋求化石的幫助了。

在分類學上，現代的人類（即智人）與若干似人的化石祖先構成了靈長目下的人科。因此，在尋找人類祖先、探索人類發展歷程的研究中，最重要的工作就是尋找人科的化石，利用這些化石，我們就有機會勾勒出一部完整的人類演化通史。

先來看一張根據化石發現和研究而推斷的人科譜系圖，如圖 5-1 所示。後續內容將圍繞該圖展開。

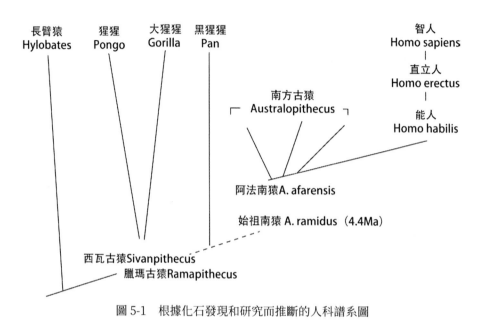

圖 5-1　根據化石發現和研究而推斷的人科譜系圖

1・人科最早的化石代表

　　曾經，人類學家認為最早發現於印度的臘瑪古猿（Ramapithecus）和西瓦古猿（Sivapithecus）是人科的最早祖先（現在分類上臘瑪古猿被歸併到西瓦古猿屬）。牠們生存於中新世 1,400 萬～ 900 萬年前。西瓦古猿頜骨較粗大，因而有些學者認為牠可能不是人科動物，而是猩猩的祖先。而臘瑪古猿具有一些人科動物的形態特徵，如犬齒退化。臘瑪古猿化石在亞洲西南部（中國、巴基斯坦）、中亞（土耳其）以及歐洲（匈牙利）、非洲（肯亞）皆有發現。祿豐古猿（Lufengpithecus lufengensis）是發現於中國雲南祿豐縣的古猿化石，具有較多的人科動物特徵，而不同於巴

基斯坦和土耳其的臘瑪古猿（後者似乎更接近猿）。如果中新世的臘瑪古猿和祿豐古猿是人科最早的化石代表，則可以推論人與猿的最早分異發生在 1,400 萬年前。但根據某些同源蛋白質分子一級結構的比較及在此基礎上建立的分子鐘（分子鐘是將分子系統學研究與古生物學資料相結合而建立的用於推論生命史上演化事件發生的時間表，其原理詳見下一章）的推論，人與猿的分異時間在 600 萬～ 400 萬年前。化石及地層年代數據與分子鐘數據相差甚遠。蛋白質分子演化速率是否恆定尚有問題，我們暫且存疑。最近對於臘瑪古猿是否屬於人科的最早祖先也有爭論，有的學者認為臘瑪古猿是人與大猩猩及黑猩猩的共同祖先，因此臘瑪古猿和西瓦古猿在人猿超科譜系圖上的位置尚難確定。

2・南方古猿→能人→直立人→智人

比較肯定的人科的早期化石代表是發現於非洲南部與東部的南方古猿（Australopithecus）化石。從 1920 年代在非洲南部發現的第一個南方古猿頭骨化石到最近在衣索比亞發現的最早的南方古猿化石，前前後後發掘出相當於數百個個體（代表男女老少）的骨骼化石，生存時間從 440 萬年前持續到大約 100 萬年前。出土的南方古猿化石之豐富堪稱人科化石之最，南方古猿生存時間之長也堪稱人科中之最。目前所知的南方古猿化石都發現於非洲，最早在非洲南部發現的南方古猿，因形態上的顯著差異而被區分為兩個種，即非洲南猿（A. africanus）和粗壯南猿（A. robustus），後者比前者粗壯。後來在東非發現的南方古猿被命名為鮑氏南猿（A. boisei），但有的專家認為它實際上也是粗壯南猿。它們生存的

時間大約在 300 萬年前至 100 萬年前。

　　1970 年代在衣索比亞的阿法（Afar）地區發現的較老的（約 350 萬年前）南方古猿化石被命名為阿法南猿（A. afarensis），其中最完整的骨骼被稱為「露西」（Lucy），其具有直立的特徵，可能是已確證的最早的直立的人科化石。但 1990 年代，在距「露西」出土地不遠的地方（衣索比亞的阿迪斯阿貝巴市東北 200 公里附近）發現了更老的南方古猿化石，被命名為始祖南猿（A. ramidus），生存年代在 440 萬年前或更早。1995年，古人類學家認為始祖南猿不同於其他南猿，另立新屬，叫做始祖阿德猿（Ardipithecus ramidus）。後來還在肯亞發現了年齡為 400 萬年的古老的人科化石，被命名為阿納姆南猿（A. anamensis）。始祖阿德猿除了生存年代更早以外，還發現化石埋藏處有大量的樹木種子及猴類化石，證明這些人類祖先可能生存於森林環境。始祖阿德猿是否直立，還有待更多的化石發現和研究後才能確定。從形態上說，南方古猿是猿與人特徵的混合，其身材與體重大致與現代的黑猩猩相近：頭小，腦容量為400 ～ 500 毫升；但從顱內膜形態來看，其腦皮層結構比猿類複雜，與人腦皮層結構相似；顱底結構及枕骨大孔的位置顯示頭部大致能平衡地保持在脊柱上方，表明其身體已能直立；顏面骨發達且外突，保留著猿的特點；臼齒發達，但犬齒並不高出齒列。阿法南猿的膝部骨骼結構顯示出適應直立的特徵，但臂與肩胛的結構似黑猩猩，適應於攀緣，可見還未能完全離開樹。專家們對演化譜系的分析得出的一般結論是：始祖南猿或阿德猿是目前已知的古猿化石種類最早的共同祖先，由牠演化為阿法南猿。非洲南猿、粗壯南猿及鮑氏南猿都來自阿法南猿，但粗壯南

猿及鮑氏南猿是人科譜系中的盲枝（已滅絕的線系），也就是人類線系之外的旁系。

1930 年代在東非坦桑尼亞奧杜威峽谷發現了簡單的石器，1959 年在石器出土地點發現了鮑氏南猿頭骨化石（當時稱東非人）。但一些專家懷疑小腦袋的鮑氏南猿能否製造石器。1960 年代在同一地點又發現了顱骨較發達、腦量較大的頭骨化石，被定名為能人（Homo habilis）。其後不久，又在其他地點（肯亞、衣索比亞）發現了能人化石。能人是最早的人屬成員，生存時間大致在 250 萬～ 100 萬年前，與南方古猿的生存時代重疊。能人的腦容量平均為 700 毫升（雌性 500 ～ 600 毫升，雄性 700 ～ 800 毫升），能直立，群居，能製造工具（專家們認為奧杜威峽谷的石器可能是能人製造的）。能人可能是由阿法南猿演化產生的。

19 世紀末，荷蘭人杜布瓦（E. Dubois）在印尼爪哇發現的頭骨和股骨化石被命名為直立猿人（Pithecanthropus erectus）。20 世紀初至 20 世紀末，在印尼幾個地點發現了代表男女老少 30 多個個體的化石骨骼，並歸於人屬，即直立人（Homo erecctus），或稱爪哇直立人，其生存時間因同位素年齡測定的誤差大，不能精確確定，大致在 200 萬～ 50 萬年前。1921—1927 年，安特生（Johan Gunnar Andersson，瑞典地質學家）和師丹斯基（Otto Zdansky，奧地利人）在北京周口店洞穴沉積中發現了兩顆牙齒，經當時的協和醫院醫生步達生（Davidson Black，加拿大人）鑑定，認為是屬於一種介於人與猿的靈長類，定名為北京中國猿人（Sinanthropus pekinensis）。1928—1935 年，裴文中等繼續在周口店發掘，1929 年找到了第一塊頭蓋骨。1949—1960 年，又進行了大規模發

第五章 從「人」的發展通史看演化

掘，獲得頭蓋骨 5 個，頭骨碎片 15 塊，下顎骨 14 塊，牙齒 147 枚，代表 40 多個個體。現已將其歸入直立人，或稱北京直立人 (Beijing Homo erectus)，其腦容量為 915～1,200 毫升，平均 1,089 毫升 (5 個頭蓋骨統計)。北京直立人的年齡測量數據有多個，大致為 20 萬～50 萬年。1960 年代，在陝西藍田縣發現了直立人頭蓋骨，被稱為藍田直立人 (Lantian Homo erectus)，腦容量 780 毫升，生存時間大約為 100 萬年前。在雲南元謀縣發現的牙齒經研究也被歸於直立人，稱元謀直立人 (Yuanmou Homo erectus)，在安徽和縣發現的頭蓋骨及牙齒經鑑定也屬直立人，稱和縣直立人 (Hexian Homo erectus)，他們的生存時間都在 100 萬年以上。在非洲、歐洲，也有直立人化石的發現。直立人的腦容量比南方古猿和能人有較大的增長，頭也相應增大。但頭蓋骨的結構仍保留較多的猿的特徵，如額骨低平、眉嵴發達、顱頂有矢狀嵴、顏面突出等，但肢骨很接近現代人。北京直立人能製造較精緻的石器，能用火。直立人有原始的社會組織，創造了原始的文化 (舊石器文化)。

智人 (Homo sapiens) 是人科中唯一現時生存著的物種。形態上與現代人幾乎完全相同的人類化石大致可追溯到 5 萬年前，他們被稱為晚期智人或現代智人。例如，在中國發現的柳江人 (1958 年發現於廣西柳江)、資陽人 (1951 年發現於四川資陽)、山頂洞人 (1930 年發現於北京周口店) 等，他們具有黃種人的形態特徵。在歐洲發現的晚期智人有姆拉德克 (Mladek) 人、克羅馬農 (Cro-Magnon) 人、庫姆卡佩爾 (Combe-Capelle) 人，他們多少具有白種人或非洲黑人的一些特徵。在非洲也有一些晚期智人化石的發現，如弗洛里斯巴 (Florisbad) 人、邊界

洞（Border Cave）人，具有黑人的一些特徵。由此可見，晚期智人已經有分異，現代人的人種分異應早於 5 萬年前。形態上智人比直立人更接近現代人，但與現代人（或晚期智人）有明顯差異的人類化石在亞洲、歐洲、非洲都有發現，年齡最老的接近 30 萬年，他們可以被統稱為早期智人，是直立人與現代人之間的演化過渡類型。1984 年，北京大學考古系師生在遼寧省營口市附近西田屯的金牛山洞穴沉積物中發現一具人類化石頭蓋骨及一些脊椎骨、肋骨和肢骨，頭骨的形態特徵比較接近現代人，顳骨較發達（腦容量為 1,390 毫升），枕骨大孔位置較北京直立人更接近顱底。經電子自旋共振法（electron spin resonance，ESR）和鈾系法測定，其頭蓋骨化石及同地層埋藏的動物化石的年齡為 20 萬～ 28 萬年。這是迄今所知的最老的智人化石。如果年齡測定無大誤差，則金牛山人生存年代與北京直立人有重疊。

換句話說，較原始的北京直立人在金牛山早期智人出現之時尚未絕滅，從直立人到智人的演化並非單線系，而涉及種形成或線系分支。此外，金牛山早期智人也和北京直立人一樣，具有某些蒙古人種的特徵，如鏟形門齒、顴骨較突出、鼻骨低而寬。在中國發現的早期智人化石還有大荔人（1978 年發現於陝西大荔縣）、馬壩人（1958 年發現於廣東曲江縣馬壩村）、許家窯人（1976 年發現於山西陽高縣許家窯村）、長陽人（1956 年發現於湖北長陽縣）以及丁村人（1954 年發現於山西襄汾縣丁村）。大荔人頭骨化石為成年男性，腦容量 1,120 毫升，眉嵴發達，額頂較低矮，似乎更近似直立人。馬壩人頭蓋骨也具有明顯的直立人的特徵。在歐洲發現的早期智人化石是尼安德塔（Neanderthal）人（簡稱尼

人），因最早發現於德國尼安德塔河谷而得名。尼人化石分布廣泛，但中心在歐洲，往東到亞洲西部，在東亞和東南亞沒有發現。生存時代為20萬～4萬年前。尼人頭骨還帶有直立人的特徵，但腦容量達到現代人的水準（成人頭骨腦量為 1,300～1,700 毫升，平均 1,500 毫升）。早先認為尼人是白種人的祖先，在晚更新世武木冰期時代居住於歐洲。但最晚的尼人化石發現於 4 萬年前的地層，與歐洲的晚期智人克羅馬農人的年代相當。而尼人與克羅馬農人形態上顯著不同，這說明歐洲的晚期智人並非由尼人線系演化 [1] 而來。有人認為尼人是智人下面的一個亞種，稱之為 Homo sapiens neanderthalensis，是適應於武木冰期（最近的一個冰期）嚴寒氣候的一個特殊的地方亞種，冰期之後絕滅，被晚期智人取代。克羅馬農人可能是從另一條線系演化而來。

3・化石中關於現代智人種的起源及人科譜系

同屬於智人種的現代人的不同種族究竟形成於何時、何地，起源於哪一支線系，從化石證據中仍然很難弄清楚。由於涉及早期人類演化譜系的多數化石證據來自非洲，因而早先學者們多傾向於這樣的觀點，即認為現代智人種的起源地在非洲。現代智人種在非洲演化到某個階段後擴散到世界各地。但最近的一些研究結果對上述觀點提出了疑問。早先

---

(1) 線系演化：如果以時間（通常是地質時間，以 Ma 為單位）為縱坐標，以演化的表型改變（如形態變化）的量為橫坐標，在這個坐標系中，某一瞬時存在的物種相當於坐標中的一個點；這個物種隨時間世代延續，則在坐標系中構成一個由該點向上延伸的線，這條線就叫做線系。線系是物種在空間和時間兩個向度上的存在。如果該物種隨著時間推移而發生表型的演化改變，那麼代表該物種的線系在坐標中發生傾斜（朝某個方向），在一個線系之內發生的表型演化改變叫做線系演化，線系傾斜度代表該線系的線系演化速率。

未能確定在印尼發現的爪哇直立人的年齡，最近應用改進的技術重新測定了 1960-1970 年代在印尼桑吉蘭地區發現的直立人化石的年齡，確定為 166 萬年左右；重新測定 1930 年代在印尼莫佐克托發現的直立人（小孩）頭骨化石的年齡，確定為 180 萬年左右。這個數值與非洲最早的直立人的同位素年齡值相近，中國最早的直立人，如藍田直立人，其年齡也在 100 萬年以上。這說明 180 萬年前直立人的分布已不限於非洲了，或者說人類祖先早在 180 萬年前就離開非洲。中國金牛山早期智人的年齡達到 28 萬年，而且金牛山人具有黃種人（蒙古人種）的形態特徵，這說明現代智人的不同種族可能是在不同地區因地理隔離而分別演化產生的。

按照單線系觀點，同一時期不可能有多個人科物種存在；按照多線系觀點，多個物種可能同時存在。最近的研究結果支持後者觀點。例如，南方古猿中有多個物種同時存在，南猿與能人生存期重疊，早期直立人與能人甚至南猿的生存期重疊，北京直立人與金牛山早期智人的生存期可能有部分重疊。這表明，在人科譜系中，一個新種產生以後，某些老的種並未立即滅絕，如圖 5-2 所示。

關於化石為我們講述的人類發展通史，可以從兩方面分析：一是垂直演化分析，即從直立程度、腦容量及其他形態特徵判斷從人科最早的化石祖先到現代智人的演化過程經歷了哪些中間階段；二是水平演化分析，即研究人科譜系是一個單線系，還是包含若干分支的線系叢。換句話說，人類起源的研究中，一個重要的爭論問題就是關於人科譜系的結構與組成問題。一些學者側重於垂直演化研究，並且主張人科譜系是單

線系，人類起源和演化是線系演化過程。而實際上，從人科最早祖先到現代智人的演化過程中涉及了一些種形成（分支）和滅絕事件，因而人科譜系不是一條簡單的線索，而是有分支、有盲支的複雜的譜系。從人科化石資料來看，南方古猿以前的化石資料不足，一些問題遠未弄清，南方古猿以後的化石資料相對豐富一些，我們大體上了解了現代智人演化起源可能經歷的幾個中間階段，如表 5-1 所示。

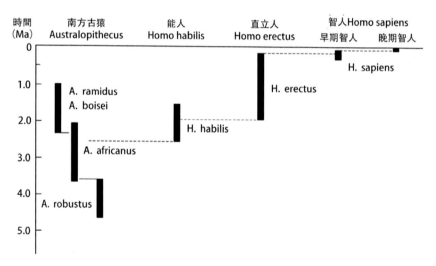

圖 5-2　人科化石的生存時間分布

表 5-1　人類譜系各成員的形態測量值

種	生存時代	估計體重（成年）	腦量	身高（成年）
南方古猿 Australopithecus	440 萬～100 萬年前	20 ～25 公斤	430 ～ 485 毫升	110 ～140 公分
始祖南猿 A. ramidus				
非洲南猿 A. africanus				

阿法南猿 A. afarensis				
能人 Homo habilis	250 萬～100 萬年前	?	♀：500～600 毫升 ♂：700～800 毫升	?
直立人 Homo erectus	180 萬～20 萬年前	約 60 公斤	700～1100 毫升	約 160 公分
智人 Homo sapiens				
早期智人	28 萬～4 萬年前	約 60 公斤	1300～1500 毫升	約 165 公分
晚期智人	4 萬年前至今			

二、「基因組」中講述的人類發展通史

　　化石的發現和研究為人類的演化發展提供了最有說服力的依據。可是化石能為我們講述的，還只是故事的第一段。它的發生年份，還只能借助發現那個化石的地質年份和物理參數（放射線的定時衰減）等非生物學的推論。那麼，怎麼讓化石開口為我們講述更多、更動聽的真實故事呢？當前，關於人類演化發展的最直接且最可靠的研究是基於「全基因組古 DNA 測序」的考古組學（Paliaomics）。透過對化石中殘存的痕量 DNA 進行基因組測序〔痕量往往以奈克（ng）甚至皮克（pg）為單位進行計量〕，獲得 DNA 序列所蘊藏的人類演化過程的生命奧祕。

　　同樣，也先來看一張透過人類基因組研究而獲得的人類發展通史圖譜，如圖 5-3 所示。

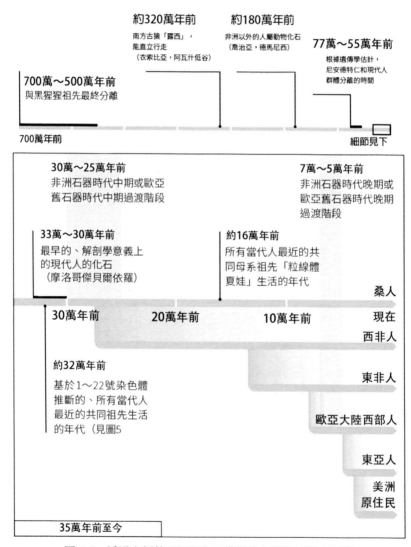

圖 5-3　透過人類基因組研究而獲得的人類發展通史圖譜

1·全基因組古 DNA 測序為人類演化研究帶來的新發展

要理解遺傳學為什麼能夠揭示人類的過去，就先要了解基因組是怎樣記錄資訊的。所謂基因組，就是我們每個人從父母那裡繼承而來的所有遺傳密碼的集合。我們知道，細胞中大部分的生理活動都需要蛋白質來執行，基因（gene）就是組裝這些蛋白質的模板。我們所說的基因指的是 DNA 分子上的微小片段，通常每一段包含大約 1,000 個字母（即鹼基對）。在 DNA 分子上，基因與基因之間是未經編碼的、沒有意義的片段，有時也被稱作「垃圾 DNA」。透過使用某些儀器，我們可以啟動 DNA 片段上的化學反應，當這種化學反應沿著 DNA 序列發生時，會依次發出特定的光亮，每個字母 A、C、G 和 T 發光的顏色都是不一樣的，如此一來，再加上一個相機，我們就可以將字母的順序掃描到電腦了。

雖然絕大多數科學家關注的主要是每一個基因中包含的生物學資訊，但需要注意的是，DNA 序列之間也偶爾會存在一些差異。這些差異是由於過去某個時刻在基因組複製的過程中發生的隨機錯誤所導致的，這種隨機錯誤就是突變，如圖 5-4 所示。

這些差異發生的機率大約是每 1 000 個字母發生一次，在基因和「垃圾」序列中同樣存在。正是這些差異使得遺傳學家可以去探索過去的事件。不相干的基因組之間在總共大約 30 億個字母中通常會存在 300 萬個不同之處。由於遺傳突變累積的速率或多或少是恆定的，兩個基因組之間在任一片段上的差異密度越大，說明這兩個片段距離最近共同祖先的時間就越長。所以，差異密度就是一個生物計時器，記錄了歷史上的

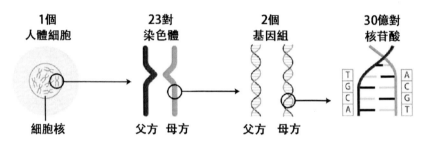

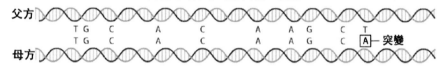

圖 5-4　基因組和突變

某一個關鍵事件是在多久以前發生的。

　　人類基因組包含大約 30 億對核苷酸，均可以利用字母來表達：A（Adenine，腺嘌呤）、C（cytosine，胞嘧啶）、G（guanine，鳥嘌呤）和 T（thymine，胸腺嘧啶）。兩條對齊的字母序列中大約 99.9% 是相同的，但最後剩下的 0.1% 是不同的，從這些不同中可以反映出突變累積所花的時間。透過這些突變，人們可以辨識出兩個人之間親緣關係的遠近。同時，這種突變也精確地記錄了歷史上的資訊。

　　在人類的基因組中，包含許多不同的人類祖先的來龍去脈 —— 事關成千上萬的、獨立演化的支系。對人類基因組的研究讓我們認識到，基因組並不是來自某一個祖先的連續序列，而是由多個不同祖先的基因

組經過重新組合而形成的。人體細胞內的 46 條染色體各自攜帶著獨立的 DNA 長鏈，它們就像 46 塊瓷磚一樣拼接在一起。一個基因組內包括 23 條染色體，每個人從父母那裡各自繼承了一個基因組，所以染色體數目總計 46 個。但是，染色體本身也是由更小的單元拼接組成的。例如，一位女性的一個卵細胞在卵巢裡的發育過程中發生了染色體的拼接重組，將來自父方和母方的染色體副本混合在一起，結果是卵子中染色體的前三分之一來自她的父親，而後三分之二來自她的母親。在女性產生卵子的過程中，平均會出現約 45 次新的染色體拼接重組（即同源重組，詳見第四章），男性產生精子的過程中則平均有 26 次，總計每一代會產生 71 次。於是，如果我們從每一代人開始回溯，一個人的基因組就可以看作是由其祖先的染色體片段拼接形成的。這說明，在我們的基因組內有眾多祖先留下的遺傳成分。每一個人的基因組都來自自己攜帶的 47 段 DNA，也就是來自母親和父親的 46 條染色體，再加上粒線體 DNA。向前倒推一代，這個數字成了從父母那裡遺傳得到的約 118 段（47+71=118）DNA。倒推兩代，就變成了從 4 個祖父母那裡得來的約 189 段（47+71+71=189）DNA。倒推十代，就是約 757 段從祖先那裡來的 DNA，而這一代祖先個體的總數是 1,024 位，這就意味著有好幾百個祖先的 DNA 並沒有被繼承下來。倒推二十代，祖先個體的數目就要比基因組中留存下來的 DNA 片段數量多出上千倍了。可以確定的是，任何一個人，都無法從他的絕大多數家譜中的祖先那裡繼承哪怕是一點點的 DNA，如圖 5-5 所示。

　　每回溯一代人，祖先的數目就加倍。然而，能對你產生遺傳貢獻的

DNA 片段在每一代中只增加大約 71 個。這意味著，如果追溯到八代或者更多代以上，幾乎可以肯定有一些祖先的 DNA 沒有遺傳給你。追溯到十五代，某個祖先能直接對你的 DNA 做出貢獻的比例就微乎其微了。

這樣的計算結果表明，如果要給一個人建立家譜，從歷史紀錄中得到的結果和從實際基因組傳承中得到的結果是不一樣的。回溯的時間越長，一個人的基因組就被分散到越來越多的祖先 DNA 片段中，涉及的祖先人數也會越來越多。如果追溯到 5 萬年前，我們的基因組將會分散到超過 10 萬個祖先的 DNA 片段上去，這個數字可比當時任何一個人群的人口數量都要多。所以，對於那些生活在遙遠過去的個體，只要他們的後代數目足夠多，我們都幾乎可以肯定，現在的每一個人都從他們那裡繼承了部分 DNA。

在眾多的遺傳支系中追蹤歷史、尋幽探微，這種做法威力無窮。我們可以將人類的基因組看作一幅掛毯，上面的每一絲都代表著某一個遺傳譜系，每一縷都記錄著人類從古至今、代代相傳的 DNA。透過條分縷析，我們能追溯到遙遠的過去，越來越多的祖先會現身說法，向我們訴說每一代人類群體的規模和組成結構。

2011 年，李恆和理查・德賓（Richard Durbin）發表了一篇論文，他們表明，從一個人的基因組中的確可以挖掘出眾多祖先的資訊，如圖 5-6 所示。為了從 DNA 中解碼出一個人群的發展歷史，李恆和德賓利用了這樣一個事實：任何一個人類個體攜帶的基因組都不是一個，而是兩個，一個來自父親，一個來自母親。所以，透過計算一個人的兩個基因組之間差異的密度，就可以推斷這兩個基因組在不同位置上的共同祖先

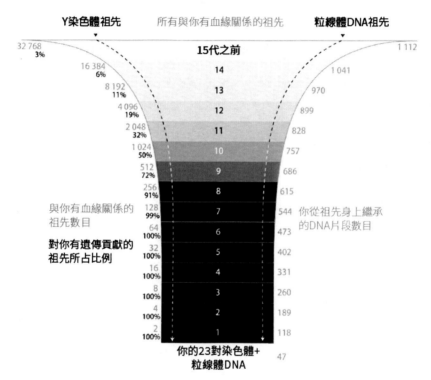

圖 5-5　絕大多數祖先沒有直接對你的 DNA 做出貢獻

所存在的時間。把基因組內成千上萬的共同祖先按照他們所存在的時間
劃分，李恆和德賓就推導出不同時代的祖先人群的大小。在一個規模較
小的人群中，兩個隨機選擇的基因組序列來自相同的親本基因組序列的
機率還是很可觀的，只要攜帶這對基因組序列的兩個個體正好有同樣的

父母就可以。然而，如果人群規模比較大，那這種機率就微乎其微了。所以，只要能找到基因組很多位置的共同祖先集中分布的時間段，就說明那個時候人類的群體規模較小。李恆和德賓的努力，說明一個人的基因組內能記錄眾多祖先的歷史，一個人身上能承載一個人群的過去。

李恆和德賓的研究還有一個意想不到的發現 —— 在非洲以外人群和非洲人群分離之後，非洲以外人群的規模曾經在較長的一個時期內變得很小，其證據是在這個長達幾萬年的時間段內存在著許多共同祖先。這個發現本身並不新鮮，以前的化石證據就已經告訴我們非洲以外人群歷史上發生過一次人群瓶頸事件（bottleneck event），也就是歷史上人口突然減少的事件，當時的少數個體衍生出今天大量的後代。但是，在李恆和德賓的研究之前，我們對這一事件的跨度只有一個很模糊的認識，而且之前認為該階段也就是持續了幾代人的時間而已，比如說，一小群人越過撒哈拉大沙漠進入了北非，或者從非洲進入了亞洲。人們原來曾設想，大約 5 萬年前以後，現代人就開始勢如破竹地在非洲內外迅速擴張，而李恆和德賓發現的證據則與此不符，我們祖先的人口規模在很長的一段時間裡都很小。現代人的歷史也許沒有這麼簡單，並不是一夥占據優勢地位的現代人群體無往而不利的故事。

全基因組古 DNA 測序研究使我們得以重新審視人類生物學，並且更加細緻地重建人類歷史。2016 年，大衛·里奇（David Reich）和他的同事改進了李恆和德賓的方法，並將世界各地的人群和現代人系譜圖中最早的一個分支進行了比較。這個分支對現存的一個人群有著很大的遺傳貢獻：非洲南部桑人採獵者的血統中最大的那部分就來自該分支。這

如何確定我們遺傳學意義上的共同祖先出現的時間？

❶ 我們每個人都有兩個基因組，一個來自母親，另一個來自父親。
其中有些片段更相似一點。在一個給定的片段上，差異或者說
突變越多，這個從父母繼承而來的基因重複擁有共同祖先的年代就越久。

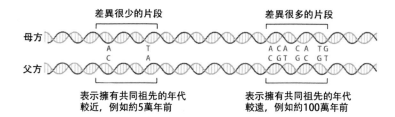

差異很少的片段　　　　　　　差異很多的片段

母方　　　　　　A　　　T　　　　　　A C A　C A　T G
　　　　　　　　C　　　A　　　　　　C G T　G C　G T
父方

表示擁有共同祖先的年代　　　　表示擁有共同祖先的年代
較近，例如約5萬年前　　　　　較遠，例如約100萬年前

❷ 任何一對非洲以外人群的基因組中，都有超過20%的基因擁有
生活在9萬～5萬年前的共同祖先。這表示歷史上存在過種群
瓶頸，也就是當時少量的奠基者個體繁衍出了今天非洲以外的大量後代。

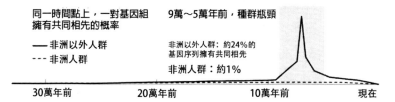

同一時間點上，一對基因組
擁有共同祖先的概率　　　　　　9萬～5萬年前，種群瓶頸

—— 非洲以外人群　　　　　　非洲以外人群：約24%的
- - - 非洲人群　　　　　　　　基因序列擁有共同祖先

　　　　　　　　　　　　　　　非洲人群：約1%

30萬年前　　　　　20萬年前　　　　　10萬年前　　　　　現在

❸ 縱觀1～22號染色體，所有當代人類的最近共同祖先大多出現在500萬～
100萬年前，且均不晚於32萬年前。

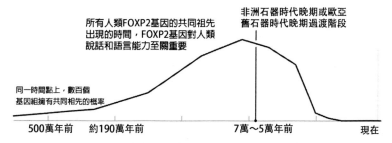

所有人類FOXP2基因的共同祖先
出現的時間，FOXP2基因對人類
說話和語言能力至關重要

非洲石器時代晚期或歐亞
舊石器時代晚期過渡階段

同一時間點上，數百個
基因組擁有共同祖先的概率

500萬年前　　約190萬年前　　　　　7萬～5萬年前　　　　現在

圖 5-6　確定人類遺傳學共同祖先出現的時間

項研究告訴我們，桑人（San）和非桑人的分離在大約 20 萬年前開始，並在不晚於 10 萬年前的時候完成。其中的證據在於，將桑人和非桑人區分開來的遺傳突變的密度自始至終都很高，暗示著在過去的 10 萬年裡，桑人和非桑人的共同祖先數目非常少。類似地，他們的研究同樣可以證明，來自中非森林的「袖珍人」（Pygmy，俾格米人）群體的血統也非常獨特。也就是說，這些獨特的人群都是從極其久遠的時代就開始與世隔絕了。

之前的假說認為，在歐亞舊石器時代晚期和非洲石器時代晚期之前的很短時間內爆發的獨特的現代人行為（如掌握概念性語言）是由個別的遺傳突變導致的，但大衛團隊的研究說明這個假說與事實是矛盾的。假如在這個時間段內真有一個關鍵性的遺傳突變出現了，那麼如今，這個遺傳突變的頻率在某些人群裡，也就是在那個突變發生的人群的後代人群裡應該非常高，而在其餘的人群中應該沒有或者占比很低，但這顯然與現實情況有悖，畢竟當今所有的現代人都能夠掌握概念性語言，也都在按照現代人的方式創新著自己的文化。

透過全基因組古 DNA 測序的方法研究人類的演化史還處於初級階段的水準，其中還有很多問題有待我們進一步解決。比如，透過比較基因組序列的方法來獲取古代歷史資訊具有一定的局限性，對於基因組裡的每一個位置，只要我們往回追溯的時間足夠悠久，那麼一定能碰到一個節點，這個節點就是當今所有個體的共同祖先，超過了這個節點我們就無法再獲得更久遠的資訊了。從這個角度來看，基因組中每個位置上的共同祖先就彷彿是天文物理學中的黑洞，一旦到了這個節點就沒有資

訊可以從中逃逸了。從目前的研究發現，人類基因組中絕大多數的「黑洞」發生在 500 萬～ 100 萬年前。但是如果要往更前看，那就只有漆黑一片了。也是因為這個原因，基因組研究迄今為止取得的巨大成就主要集中在幫助我們了解人類遷徙的歷史（主要是 100 萬年內的），而更遠時間的人類演化我們還只能依靠傳統的化石研究進行推測。即便如此，全基因組古 DNA 測序的研究還是為我們開創出了一片全新的天地，也獲得了不少豐碩的成果，接下來要和大家交流的「一根指骨裡找出來的丹尼索瓦人」和「東亞人的基因組起源」就是基於基因組研究所獲得的重要成果。

2‧一根指骨裡找出來的丹尼索瓦人

2008 年，俄羅斯考古學家在西伯利亞南部阿爾泰山脈的丹尼索瓦洞穴（Denisova Cave）中挖出了一小塊指骨。骨頭上的生長板尚未閉合，說明它來自一個兒童。後來透過從骨頭上提取出的粒線體 DNA 判斷出這根指骨可能屬於一個我們從未記錄過的古老型人類群體，並且這個群體的身分撲朔迷離，沒有骸骨，也沒有工具製作的風格可供參考。幸運的是，這根來自丹尼索瓦洞穴的指骨居然是當時保存得最為完好的古 DNA 樣本之一，其上攜帶靈長類 DNA 的比例高達 70%，從這塊骨頭上可以獲得大量的全基因組數據（而不僅僅是粒線體 DNA）。

德國的斯萬特‧帕博（Svante Pääbo）和美國的大衛‧賴克共同分析了這些數據，結果發現，尼安德塔人和丹尼索瓦岩洞中出土的新人類族群之間關係不同一般，其親近程度超過了他們兩者中任何一個與現代人

之間的關係。研究者估計尼安德塔人和丹尼索瓦洞穴所發現的人的祖先種群分離的時間是 47 萬～ 38 萬年前，而這兩種古老型人類的共同祖先族群和現代人的分離時間則是 77 萬～ 55 萬年前。這樣的研究結果表明，雖然丹尼索瓦洞穴所發現的人是尼安德塔人的近親，但兩者還是有著千差萬別的，丹尼索瓦洞穴中的人確實是一個新的族群。這個新的族群最終被命名為 Denisovans，即丹尼索瓦人，這是以首次發現他們的岩洞來命名的。

長期以來，人們一直在為尼安德塔人是否構成了一個與現代人相分離的物種而爭論不休。有些專家將尼安德塔人認定為人屬（Genus Homo）下的一個單獨的物種，並將其命名為 Homo neanderthalensis。而另外一些專家則將其歸類為現代人（智人）下的一個亞種，並將其命名為 Homo sapiens neanderthalensis。如果要把兩個群體劃分為不同的物種，往往是基於以下假設：這兩個群體之間沒有發生過雜交混血。但透過基因組的比較分析我們已經知道，尼安德塔人曾經與現代人類成功地發生過雜交混血，而且還發生過多次，這樣一來，尼安德塔人是一個單獨物種的論點就被削弱了。那麼，數據表明丹尼索瓦人是尼安德塔人的近親，既然我們不確定尼安德塔人是否該被定義為一個單獨的物種，丹尼索瓦人也應該存在同樣的問題。對那些已經滅絕的族群，判斷其是否足夠獨特到可以給出一個獨一無二的物種名稱，傳統上我們是看骨骼形狀，而丹尼索瓦人的遺骸恰恰很少，因此，我們只能借助全基因組序列了。借助全基因組序列，大衛團隊檢驗了丹尼索瓦人是否與某些當代人群的親緣關係更近，結果讓人如獲至寶。從遺傳學上來看，丹尼索瓦人

與新幾內亞人的關係比與其他歐亞大陸的人群要稍微近一些，這表明新幾內亞人的祖先曾經與丹尼索瓦人發生過混血，如圖 5-7 所示。

圖 5-7　尼安德塔人和丹尼索瓦人的血統所占比率

從丹尼索瓦洞穴到新幾內亞的距離足足有 9,000 公里，而且新幾內亞和亞洲大陸之間還隔著大海。新幾內亞的氣候條件很大程度上屬於熱帶，跟西伯利亞的嚴冬比起來，簡直就是天上地下。很難想像，一種適應了某一個環境的古老型人類能夠在另一個截然不同的環境裡蓬勃發

展。那麼，面對如此的反差，又應該如何解釋遺傳學上已經證明的「混血」呢？更多的研究證據表明，丹尼索瓦人存在非凡的多樣性，他們內部之間的差異遠超現代人類群體之間的差異，因此，我們可以這樣設想：丹尼索瓦人是一個廣義的人類類別，其中一支演化成了與新幾內亞人混血的古老型人類的祖先（我們可以為他取個臨時的名字 —— 南方丹尼索瓦人），另一支則演化成了西伯利亞丹尼索瓦人。鑑於這兩個族群之間的關係比較遠，他們可能有不同的適應環境的性狀，這也就可以解釋他們如何在不同的氣候條件下蓬勃發展。很可能還有其他的丹尼索瓦人分支有待我們進一步發現。

　　1907 年，在德國海德堡發現了一具大腦袋的骸骨，大概有 60 萬年歷史，他有可能就是現代人和尼安德塔人的共同祖先，這實際上意味著他也是丹尼索瓦人的祖先。通常，海德堡人（Homo heidelbergensis）既被視為歐亞西部人種，也被看作一個非洲人種，但一般不會把他看作歐亞東部人種。然而，來自丹尼索瓦人的遺傳學證據表明，或許在歐亞大陸東部，海德堡人的支系也有著非常悠久的歷史。發現丹尼索瓦人的重要意義之一，就是將歐亞大陸東部推到了人類演化的舞台中央的位置。

　　在更好的數據和更精密的技術支持下，科學家們發現在亞洲大陸上也能找到一些丹尼索瓦人相關的血統，在東亞人中，丹尼索瓦人相關的血統比例大約是新幾內亞人的 1/25 —— 總計占東亞人基因組的 0.2%。在南亞人中，這個比例上升到了 0.3% ～ 0.6%。基於最新基因組數據的發現中，最為引人注目的發現之一就是調節人體紅血球的一個遺傳突變，這個突變可以幫助居住在高海拔地區的人更好地適應缺氧的環境。

拉斯穆斯・尼爾森（Rasmus Nielsen）及其同事已經證明，發生這個突變的 DNA 片段與西伯利亞丹尼索瓦人的基因組匹配得最好。這表明，亞洲大陸上的某些與丹尼索瓦人有血緣關係的人群已經產生了對高海拔的遺傳適應，而這個具有適應性的遺傳突變透過混血被西藏人的祖先繼承了。考古學的證據表示，青藏高原的第一批居民在 4 萬年前以後就季節性地生活在這裡了，而以農業為基礎的永久性定居則是從大約 3,600 年前開始的。該遺傳突變的頻率很有可能是在這兩個時間點之後才迅速增加的，也就是說，現代人與丹尼索瓦人的混血幫助了現代人適應新的環境。

遺傳學的證據顯示，現代人的祖先有可能曾經在歐亞大陸上度過一段相當長的演化時光。這與瑪麗亞・馬爾蒂諾－托雷斯（María Martinón-Torres）和羅賓・丹尼爾（Robin Dennell）提出的理論是一致的。他們的觀點在考古學和人類學領域裡屬於少數派，但同樣值得重視。他們認為，在西班牙阿塔普爾卡（Atapuerca）發現的有著 100 萬年歷史的先驅人（Homo antecessor）身上存在一系列的混合特徵，表明他們來自一支現代人和尼安德塔人的共同祖先種群。他們主張，從至少 140 萬年前造成 80 萬年前現代人和尼安德塔人的最近共同祖先的出現，歐亞大陸上可能存在著持續性的人類定居活動，而就在 80 萬年前以後的某個時間點，有一個支系遷徙回到非洲，並演化成現代人。

2019 年，張野和黃石根據古 DNA 基因組的研究，提出了現代人東亞起源的可能。越來越多的基因組研究成果告訴我們，歐亞大陸很有可能也是一片人類演化的中心地帶。

3.東亞人的基因組起源

東亞這片涵蓋了中國、日本、東南亞等各地的巨大地理區域，是人類演化的重要舞台之一。它擁有這個世界上超過三分之一的人口和差不多同樣比例的語言種類。它是至少 19,000 年前陶器誕生的地方。它也是至少 15,000 年前人類遷徙進入美洲的起點。它更是大約 9,000 年前一個獨立的農業發源地。化石證據告訴我們，東亞作為人類的家園至少有著 170 萬年的歷史，這是中國已知的最古老的直立人遺骸的年齡。在印度尼西亞發掘出來的最古老的人類化石也有著同樣悠久的歷史。古老型人類從那個時候起就一直生活在東亞。

關於東亞人群的古 DNA 基因組研究剛剛起步，但即使如此，相關研究還是給了我們不少驚喜。關於當今東亞人群的第一個大規模基因組調查結果是在 2009 年發表的，這個調查涵蓋了來自大約 75 個群體的近 2,000 人。其中的一個調查結果得到了研究人員的特別關注：東南亞的人類遺傳多態性比東北亞的要更高一些。

如何解釋這一多態性的不同呢？

2015 年，王傳超與大衛團隊合作分析了一份數據：來自大約 40 個中國人群的、大約 400 個現代個體的全基因組數據。經過綜合比較分析後，他們發現當下的絕大多數東亞人的血統可以用三個群組來描述。第一個群組的核心人群來自黑龍江流域，也就是當今中國東北部與俄羅斯的國界線區域。這個群組包含了從黑龍江流域獲得的古 DNA。所以，這個區域的居民在過去超過 8,000 年的時間裡，都保持著遺傳上的相似

性。第二個群組的主要人群來自青藏高原，也就是喜馬拉雅山以北的大片區域。這片區域的大多數地方的海拔都比歐洲的最高峰阿爾卑斯山還要高。第三個群組的主要人群來自東南亞，而且最具代表性的人群是中國大陸沿岸島嶼。在經過更進一步的研究比對後，他們提出了一個人群歷史模型：當今絕大多數東亞人的現代人血統基本上來自很久之前便分離開的兩個支系的混血，只是不同人群的融合比例不同而已。這兩個支系的成員往各個方向擴張，他們相互之間，以及他們與其他遇見的人群間的混血，鑄造了當今東亞的人群結構。

那麼兩個支系的古老型人類又來自於哪裡呢？答案就是：中國。中國是世界上為數不多的獨立的農業起源地之一。考古證據表明，從大約 9,000 年起，農民便開始在中國北部黃河流域的風沙沉積物裡種植穀子以及其他作物了。大約在同一時期，在南邊的長江流域，另一群農民也開始種植包括水稻在內的農作物。長江流域的農業文明沿著兩條路線往外擴張：一條大陸路線，在大約 5,000 年前到達了越南和泰國；一條海洋路線，在差不多同樣的時間到達了大陸鄰近島嶼。在印度和中亞，中國農業文明和近東起源的農業文明發生了第一次碰撞。當今的語言分布也暗示了歷史上可能的人群遷徙。當今東亞大陸上的語言至少可以分成 11 個語系：漢藏語系、傣 - 卡岱語系（Tai-Kadai，也稱侗傣語系）、南島語系、南亞語系、苗瑤語系（Hmong-Mien）、日本語系（Japonic）、印歐語系、蒙古語系（Mongolic）、突厥語系（Turkic）、通古斯語系（Tungusic，也稱滿 - 通古斯語系），以及朝鮮語系（Koreanic，也稱韓國語系或者高麗語系）。考古學家彼得・貝爾伍德（Peter Bellwood）主張前

6 個語系是東亞農業文明往外擴張、傳播他們的語言的結果。雖然當下從遺傳學角度獲得的關於東亞久遠人群歷史的知識非常有限，但王傳超和大衛團隊還是從現有的少數古 DNA 數據和當下人群的遺傳多態性數據裡得到了新的認識。

　　他們發現在東南亞和台灣，許多人群的全部或者絕大多數祖源都來自一個同質化的祖先群體。因為這些人群的地理分布恰好跟長江流域水稻種植文化往外擴張的區域重合，據此他們提出一個假說，認為這些人群就是歷史上開創了水稻種植文化的人的後代。雖然還沒有來自長江流域首批農民的古 DNA，但是他們猜測，人類演化史上應該存在有一個「長江流域幽靈群體」，這個「幽靈群體」便是為當下東南亞人群貢獻了絕大多數血統的祖先群體。

　　漢族人是世界上人口最多的群體，擁有超過 12 億人口。但是研究發現，他們並不是「長江流域幽靈群體」的直接後代。相反，漢族人有很大一部分血統來自另外一支 —— 很久遠以前就分化出去的東亞支系。北方漢族人有更多的血統來自該支系。這個發現也跟 2009 年以來的另外一個發現相吻合，即漢族人內部有一個微小的從北到南的梯度性差異。如果歷史上漢族人的祖先從北往南擴張，並沿途與當地人發生混血，那麼以上發現的那些模式就可以得到解釋。當王傳超建立起關於東亞久遠人群的歷史模型時，他發現漢族人和藏族人都有很大一部分血統來自同一個祖先群體。這個群體獨立的、純種的血統已經不復存在，而且這個群體對許多東南亞人群並沒有遺傳貢獻。基於考古學、語言學和遺傳學的綜合證據，王傳超和大衛團隊把這個祖先群體叫做「黃河流域幽靈群

體」。他們的假說認為，這個群體在黃河流域開始了農業文明並傳播了漢藏語系的語言。

東亞的人群歷史有著一層又一層的人群遷徙和混血事件，現代人群的遺傳多態性模式就是這些複雜歷史事件綜合的結果。一旦中國平原上的核心農業群體，也就是長江與黃河流域的「幽靈群體」形成，他們便開始往各個方向擴張，跟此前幾千年裡先到達的當地群體發生混血，如圖 5-8 所示。

青藏高原上的人群便是這種擴張的例子之一。他們大約三分之二的血統來自「黃河流域幽靈群體」，很有可能就是該群體首次把農業帶到了該地區。他們另外三分之一的血統來自另外一支久遠的東亞支系，很有可能就對應著青藏高原上的原住民採獵者。另外一個混血的例子是日本人。在上萬年的歷史時間裡，採獵者都占據著日本群島。但是在大約 2,300 年前，日本群島開始出現了東亞大陸衍生出來的農業文化，這種文化跟同時代朝鮮半島上的文化有著非常明顯的相似性。據遺傳學數據確認，農業文化到達日本群島是人群遷徙的結果。齋藤成也（Naruya Saitou）及其同事建立了一個人群歷史模型，把當下的日本人群模擬成兩個古老的、分化程度很高的東亞群體的融合體。其中一個古老群體跟當下的朝鮮半島上的人緊密關聯，而另外一個古老群體跟今天的阿伊努（Ainu）人緊密關聯。阿伊努人現在僅分布在日本最北邊的島嶼上，他們的 DNA 與農業文明到來以前的採獵者的 DNA 非常相似。透過齋藤成也的人群歷史模型，可以推斷出當下日本人的血統有大約 80% 來自農民祖先群體，而剩下的 20% 來自採獵者祖先群體。根據現在日本人基因組裡

的來自農民祖先群體的 DNA 片段的大小，齋藤成也推斷，農民祖先群體和採獵者祖先群體發生混血的平均時間是在大約 1,600 年前。該時間遠遠晚於農民群體首次到達日本的時間，意味著在農民群體到達後，兩個群體之間的隔離持續了幾百年。該時間也對應著日本的古墳時代，正是在這個時代，許多日本島嶼第一次被納入統一的中央政權之下，也許就是從那個時候開始，不同人群開始了普遍的混血，並最終形成了我們今天所觀察到的相對同質化的日本人群。

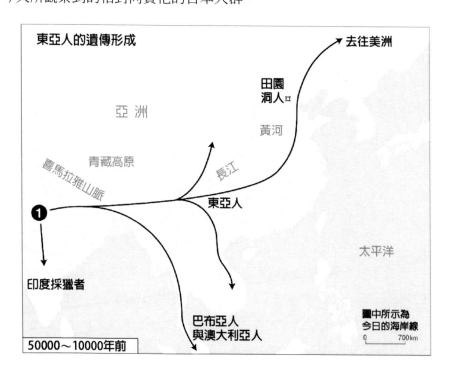

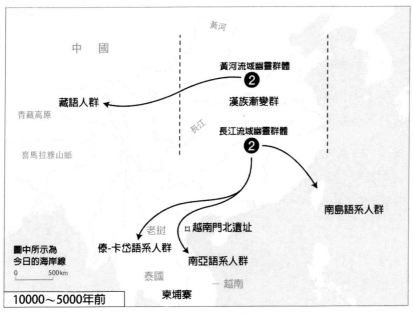

圖 5-8　東亞人的遺傳形成

　　古 DNA 也揭示了東南亞大陸上久遠的人類歷史。2017 年，大衛的實驗室從來自越南門北（Man Bac）遺址的古人類遺骸中提取了 DNA。在這個有著近 4,000 年歷史的遺址中，具有不同形態學特點的遺骸緊挨著埋葬在一起，有些遺骸的特點與長江流域的古代農民群體以及當下的東亞人很相似，有些遺骸則更接近於該地此前歷史時期裡的採獵者。大衛實驗室的研究人員馬克·利普森（Mark Lipson）發現，他們收集到的所有古越南人樣本都是一支很久遠以前就分離出去的東亞支系與「長江流域幽靈群體」之間混血的結果，而且門北遺址裡的部分農民明顯擁有更多的來自「長江流域幽靈群體」的血統。另外，這兩種血統的相對比例

169

在門北農民群體裡與在當下一些偏遠地區的南亞語系群體裡非常類似。這些發現都支持這樣一個理論：當今南亞語系的分布，是來自中國南部的種植水稻的農民祖先群體往外擴張傳播的結果，這些祖先群體在擴張的過程之中還與當地的採獵者群體發生了混血。一直到今天，柬埔寨和越南的許多南亞語系群體都還攜帶有少量但非常明顯的採獵者血統。

　　帶動南亞語系傳播的人群擴張所留下來的遺傳痕跡，不僅僅存在於當今使用南亞語系的地方。在另外一項研究中，利普森發現這種遺傳痕跡也存在於印度尼西亞的西部地區。該地區的語言主要屬於南島語系，但當地人的血統有一部分跟大陸上的南亞語系人的來源一樣。利普森的這一發現意味著，首先進入印度尼西亞西部地區的很有可能是南亞語系人，然後才是遺傳組成非常不一樣的南島語系人。這也可以解釋之前語言學家亞歷山大‧阿迪拉（Alexander Adelaar）和羅傑‧布蘭奇（Roger Blench）所發現的一個現象 —— 在婆羅洲島的南島語系語言裡存在著從南亞語系裡借過來的詞彙。另外一種解釋利普森的發現的可能理論是，使用南島語系的農民祖先群體在遷徙的過程中繞道經過亞洲大陸，在那裡與使用南亞語系的當地人群發生混血，然後進一步遷徙到達印度尼西亞西部。

　　透過對古 DNA 的研究，科學家找到了越來越多的證據，這些證據說明農民祖先群體從東亞的核心地區往邊緣地帶擴張的過程不是一個簡單的故事，而是一段非常複雜的歷史，這也就是東南亞的人類遺傳多態性比東北亞的要更高一些的原因。

　　人類的演化還在繼續，關於人類演化歷史的研究也在進行，相信在

未來，隨著更多化石被發現和更多先進技術手段的應用，關於「人類從哪裡來？又會到哪裡去？」的問題，會得到更多、更明確的答案。

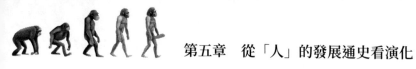 第五章　從「人」的發展通史看演化

第六章

一直在演化的「演化論」

　　本章是本書的最後一章。在前面的章節中我們始終運用一條一以貫之的思想—演化（更確切地說是以自然選擇學說為基礎的演化理論）—進行串聯。大家應該能夠感受到，雖然我們運用演化的思想解釋了很多生命的現象，但顯然針對生命的話題需要探索的問題仍遠遠沒有窮盡，甚至可以說，有關生命發生、發展的問題我們能夠解決和解釋的連「九牛一毛」都沒有。也因此，書寫本章的第一目標是希望大家能夠意識到關於生命演化的研究還遠沒有結束，希望大家為之努力。

　　其實，書寫本章還有另外一個目標，就是希望大家了解到：即使是我們目前篤定的演化思想和理論，也並不是永恆不變的。隨著科技水準的提高和人類認知水準的發展，有可能會有更合理、更具領導性的思想和理論解釋生命的起源與發展問題，畢竟演化思想和理論的產生其實就是在近代人類思想意識飛躍性提升後的產物，所以無論是研究者還是普通學習者，都應該抱持有一種「持續探索、持續更新」的理念對待科學研究與科學結論，尤其是當面對「生命起源與發展」這種問題的時候。

　　本章並不想長篇大論地將人類思考「生命起源與發展」問題的整個思想發展歷史進行梳理（這樣的書籍很多，有興趣的讀者可以自選閱讀），而只是希望將在演化思想產生和發展過程中幾個關鍵人物的理論介紹給大家，希望大家在閱讀和品鑑這些思想者的思考之後，能夠對演化產生新的、自己的認識，同時也對以上提及的兩個本章寫作目標加深一些認識。

一、布豐、老達爾文還有拉馬克的「用進廢退」

與地球的歷史相比，人類的發展史簡直就是一瞬間（如果把地球從誕生至今的時長比作一個月，目前探知的人類歷史僅僅相當於這一個月中的 4 個小時），而在人類發展的歷史長河中，直到 18 世紀後期到 19 世紀初期，演化思想才開始慢慢萌芽，演化學說才開始漸漸醞釀。

在達爾文的《物種起源》問世之前，至少有三個人曾經比較系統地闡述過生物演化觀點，他們是喬治·布豐（George Buffon, 1707—1788），伊拉斯謨斯·達爾文（Erasmus Darwin, 1731—1802）及尚-巴蒂斯特·拉馬克（Jean-Baptiste Lamarck, 1744—1829）。可以說他們是演化論的先驅者，其中拉馬克的演化學說是在達爾文之前影響最大、最系統的演化理論。

布豐，法國人，是第一個提出廣泛而具體的演化學說的博物學家。他和最後一個物種不變論的權威林奈（C. Linnaeus, 1707—1778）是同時代的人。布豐認為物種是可變的，他特別強調環境對生物的直接影響，他認為物種生存環境的改變，特別是氣候與食物性質的變化，可引起生物機體的改變。這是布豐演化學說的中心思想。布豐學說中也有一絲自然選擇概念的閃現，例如，他認為某些物種的高繁殖率與它們大量死亡之間有關聯。遺憾的是布豐經不起宗教勢力的壓迫而公開發表了放棄演化觀點的聲明，這使得他作為演化論先驅者的地位大為遜色。有趣的是，與布豐在演化論立場上的動搖相呼應的是林奈向相反方向的動搖。林奈看到了大量的事實與他所堅持的物種不變論相衝突，在晚年終於承

認物種是可變的，並懷疑上帝創造萬物的說法。他承認新物種可以透過雜交產生，在分類學上正確地把全部有乳腺的動物（甚至包括鴨嘴獸）都列在同一分類單元—哺乳綱。當他把人與猿、猴放在哺乳綱中同一個屬時感嘆道：「這些醜惡下賤的畜生（猿、猴）是多麼像我們呀！」一個博物學家的科學態度戰勝了宗教偏見。布豐的動搖是屈服於教會與世俗傳統，林奈的動搖是迫於事實，可見於人類而言，新思想的生發是多麼艱難，舊觀念的捨棄也並不容易。

艾拉斯姆‧達爾文是查爾斯‧達爾文的祖父（這也是在標題中用了一個「老」字的原因），是一位頗為堅定的演化論者。他在其著作中闡述過物種可變的觀點和不同類型的生物可能起源於共同祖先的「傳衍」的概念。例如，他在其《動物生物學或生命法則》（*Zoonomia; or, the Laws of Organic Life,* 1794 年於倫敦出版）一書中寫道：「當我們反覆思考動物的變態，如從蝌蚪到青蛙；其次再思考人工培育，如飼養馬、狗、羊所引起的這些動物的改變；其三，思考氣候條件和季節變換引起的動物改變……進一步觀察由習性引起的結構改變，如不同地區的人的差異，或由於人工繁殖及胚胎發育期受到影響而引起的改變，種間雜交和怪異生物的出現；其次，當我們觀察到所有的溫血動物的構造的基本的統一形式時，促使我們得出這樣一個結論，它們似乎都是從一種活的絲體產生出來的……所有的溫血動物起源於一種活的絲體。」老達爾文這段話既指出了物種的可變性，又表達了不同生物有共同祖先的「傳衍」的概念，雖然所謂「活的絲體」純粹是猜想。老達爾文還在他的那本著作中闡述過「獲得性遺傳」的見解。他寫道：「所有的動物都曾經歷轉變，這

種轉變一部分是由於自身的努力，對快樂和痛苦的回應。許多這樣獲得的形態及行為傾向於遺傳給它們的後代。」這可以說是在拉馬克之前或與拉馬克幾乎同時提出的拉馬克主義原理。

拉馬克是法國偉大的博物學家，早年當過兵，參加過資產階級革命，後來從事植物學、動物學和古生物學研究。1809 年發表了《動物哲學》（*Philosophie Zoologique*），先於達爾文 50 年提出了一個系統的演化學說。赫克爾（E. Haeckel，德國生物學家）稱拉馬克這本書是對傳衍理論的第一個連貫的、徹底的、邏輯性的闡述。拉馬克學說中包含有布豐的觀點和老達爾文的觀點，但比二者的闡述更系統、更完整。拉馬克學說的基本內容和主要觀點可以歸納如下：

1. **傳衍理論**。他列舉大量事實說明生物物種是可變的，所有現存的物種，包括人類都是從其他物種變化、傳衍而來。他相信物種的變異是連續的漸變過程，並且相信生命的「自然發生」（由非生命物質直接產生生命）。

2. **演化等級說**。他認為自然界中的生物存在著由低級到高級，由簡單到複雜的一系列等級（階梯）。生物本身存在著一種由低級向高級發展的力量。他把動物分成 6 個等級，並認為自然界中的生物連續不斷地、緩慢地由一種類型向另一種類型，由一個等級向更高等級發展變化。拉馬克描述的演化過程是一個由簡單、不完善的較低等級向較複雜、較完善的較高等級轉變的進步性過程。恩斯特·瓦爾特·邁爾（Ernst Walter Mayr, 1904 － 2005，德國生物學家）把這種演化稱為垂直演化（Vertical Evolution），因為這種演化是在時間向

度上展開的，沒有物種形成（橫向分支），也沒有物種絕滅的單向過程。拉馬克實際上不承認物種的真實存在，認為自然界只存在連續變異的個體，也不承認有真正的物種絕滅。他認為生物的顯著改變使得它與先前的生物之間的連結不能辨認了，這樣的情況是有的。

3. **演化原因──強調生物內部因素**。與布豐不同，拉馬克不太強調環境對生物的直接作用，他只承認在植物演化中外部環境可直接引起植物變異。他認為環境對於有神經系統的動物只起間接作用。拉馬克認為環境的改變可能引起動物內在要求的改變，如果新的要求是穩定的、持久的，就會使動物產生新的習性，新的習性會導致器官的使用不同，進而造成器官的改變，拉馬克所說的動物內在要求似乎是動物的慾望。拉馬克又進一步把他的關於動物演化原因的解釋概括為如下兩條法則：

① 不超過發育限度的任何動物，其所有使用的器官都得到加強、發展、增大，加強的程度與使用的時間長短呈正比。反之，某些不經常使用的器官就削弱、退化，以至於喪失機能，甚至完全消失。這就是所謂的「器官使用法則」或「用進廢退」法則。

② 某種動物在環境長期影響下，頻繁使用甲器官，而不使用乙器官，結果使一部分器官發達，而另一部分器官退化，由此產生的變異如果是能生育的雌、雄雙親所共有，則這個變異能夠透過遺傳而保存。這就是被後人稱為「獲得性遺傳」的法則。關於器官使用法則，拉馬克在其著作中列舉了許多例子。

例如，脊椎動物的牙齒與食性的關係：草食獸咀嚼植物纖維經常使用臼齒，因而臼齒發達；食蟻獸、鯨魚不常用牙齒咀嚼，因而牙齒退化。又如，鼴鼠因生活於地下不需要使用眼睛，因

而眼睛退化；不常飛翔的昆蟲及家禽，其翅膀退化；水鳥由於用足掌划水時經常用力張開足趾，使足間皮膚擴張而形成蹼；長頸鹿因經常引伸頸部取食高樹枝葉而發展出長頸；比目魚在水底總是努力使雙目向上看而使雙目位置移向一側，等等。這些例子表面看來是符合他的用進廢退法則的，但解釋是膚淺的，經不起深究。獲得性遺傳法則自 19 世紀末到現在仍是爭論的問題。

整體說來，拉馬克的演化學說中主觀推測較多，引起的爭議也多。但他的學說比布豐及老達爾文的更系統、更完整、內容更豐富，因而對後世的影響更大。多數學者認為拉馬克學說是達爾文以前的最重要的演化學說。布豐、老達爾文和拉馬克都是向當時占統治地位的「創世說」及「種不變論」的傳統自然觀的挑戰者，其學說的共同中心思想是：物種是可變的；每個物種都是從先前存在的別的物種傳衍而來；物種的特徵不是上帝賦予的，而是由遺傳決定的。

二、達爾文的「自然選擇」與其開創的時代

科學史上沒有哪一個理論學說像達爾文的演化理論那樣面對著那麼多的反對者，遭到那麼多的攻擊、誤解和歪曲，經歷了那麼長久而激烈的爭論，受到如此懸殊的褒貶，造成如此深廣的影響。它最初被宣布為「褻瀆上帝的邪說」，後來又被別有用心者利用，被法西斯種族主義者歪曲；它曾多次被宣判「死亡」或「崩潰」，也被說成是「過時的理論」

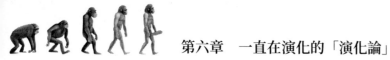

或「非科學的信仰」；許多人、許多次宣稱它已被某新理論「駁倒」或「打倒」。無怪乎在達爾文的《物種起源》問世 100 週年之際（1959 年），卓越的遺傳學家繆勒（H. J. Muller）和傑出的古生物學家辛普生（G. G. Simpson）不約而同地用同樣的標題分別寫了紀念文章—「沒有達爾文的 100 年是到頭了！」（One hundred years without Darwin are enough!）

達爾文的演化理論似乎是摒除不掉的東西，它總是在被拋棄之後又被撿了回來。達爾文究竟給我們帶來了什麼？要正確地評價達爾文的演化理論，必須用歷史的眼光不存偏見地對待它。從科學史、人類思想史的角度來說，達爾文給我們帶來了一個新世界觀，一個銳利的思想武器。在達爾文以前，從普通的老百姓到著名的學者都相信創世說描繪的世界：上帝有目的地設計和創造的世界，諧調、有序、合理安排、完善、美妙、永恆不變的世界。而達爾文為我們描繪了另一個世界：沒有造物主，沒有上帝，沒有預先的目的和設計，變化無窮的，充滿競爭的，不斷產生和消亡的，有過去的漫長和曲折的演變歷史，有不能預測的、未來的、豐富多彩的世界，令科學家興奮不已並願為探索它的奧祕而獻身的世界。在達爾文生活的那個時代，甚至最有聲望的學者都相信上帝創造世界，相信人的特殊地位。

達爾文在《物種起源》一書中暗示「人類的起源和歷史也將由此得到啟示」。1871 年，《人類的由來》（*The Descent of Man*）一書的問世，宣告人類從超然的地位回歸到自然界。不是哲學家也不是思想家的達爾文卻完成了千百年來唯物主義哲學家和思想家未能完成的一場思想革命，毫不留情地把上帝從科學領域驅逐出去。「一個半世紀以前，查爾斯‧

達爾文可能沒有意識到他所給予科學的是一件從未有過的強大武器，即他的演化理論。科學家用這把堅利之劍斬斷了無知、迷信和傲慢這些束縛人類對億萬年來生命的了解的鐐銬。」（引自美國自然歷史博物館成立 125 週年紀念專刊的前言）

　　18 世紀至 19 世紀的自然科學領域的思想革命不是從物理科學開始的，而是從生物學領域發起的。布豐和拉馬克在傳統思想大廈上撞開了一個大洞，達爾文則摧毀了這座大廈的根基，並使它崩潰。由達爾文最後完成的這場自然科學中的思想革命最終使科學與神學分離，自然科學由此徹底擺脫神學的束縛而真正獨立。因此，一些自然科學史家把 1859 年達爾文的《物種起源》出版之日視為自然科學獨立日。邁爾是這樣評價達爾文的：「他的幾乎所有的革新都成為西方思想的組成部分，只有歷史才能估價達爾文的先鋒作用。」

　　19 世紀演化理論的產生與發展過程是自然科學史研究的熱點之一，其中對達爾文思想發展和理論形成過程的研究更引起學者們的重視。自然科學史學家奧斯帕瓦（Dov Ospovat）的專著《達爾文理論的發展》（*The Development of Darwin's Theory*）對達爾文理論的發展過程有很精闢的見解。奧斯帕瓦把達爾文演化理論的形成和發展看作是一個社會過程，因為一種科學思想是要透過社會來建立的。他把達爾文放在 19 世紀的歐洲社會及政治、經濟、思想文化的背景中來考察。這樣，他就得出了一些不同於別的達爾文研究者的觀點。

　　例如，一般學者都認為達爾文早在 1838 年完成環球考察後不久就已經形成了他的演化理論，他之所以推遲 20 年之久才發表關於演化理論

的著作是由於他在學術上的謹慎，力求其理論更完善；而某些學者則認為達爾文因深知其理論對宗教、哲學和政治的影響之大，他自己又是政治上的溫和派，所以才推遲發表其著作，並以削弱的形式表達其觀點。但奧斯帕瓦卻不以為然，他認為達爾文並非超人，一下子就超越了其同時代的人而徹底擺脫了傳統思想。他認為達爾文直到 1850 年才真正完成了他自己頭腦裡的思想革命，真正擺脫了自然神學，真正形成了演化理論。我們認為，這個觀點是正確的。

達爾文的全名是查爾斯·羅伯特·達爾文 (Charles Robert Darwin)，1809 年 2 月 12 日誕生於英國什魯斯伯里 (Shrewsbury)，1882 年 4 月 19 日去世（見圖 16-1）。達爾文之所以能夠發起一場自然科學的思想革命並取得勝利，可以歸諸為如下幾方面因素。

圖 6-1　查爾斯·羅伯特·達爾文
（1809—1882）

1. 16 世紀以來自然科學的發展使得人類對自然界的認識達到了一個新層級。

2. 18 世紀至 19 世紀英國工業和農業的大發展以及與之伴隨的自然資源考察熱和探險熱，為達爾文創造了蒐集和累積資料的條件。達爾文參加的歷時五年之久的環球旅行考察和他對農、牧業育種實踐經驗的調查都為他的理論準備了充分的基礎資料。

3. 任何新理論的產生都或多或少地吸收、借鑑前人及同代人的研究成果和思想觀點。達爾文以前的演化論先驅者及與達爾文同時代的自然科學和社會科學中的新思想觀點無疑給了達爾文很大影響和啟示。對於達爾文在多大程度上受前輩和同代學者的影響這個問題，有兩種極端相反的意見。一種意見認為達爾文學說完全是前人成果的總結，沒有什麼獨創，是「拿現成的」。例如，一個叫巴特勒（S. Butler）的人說：「布豐種樹，艾拉斯姆・達爾文和拉馬克澆水，而達爾文說『這果子熟了』，便將它搖下來裝進自己的衣兜裡。」這並不符合事實。另一種意見則完全相反，認為達爾文基本上是獨立發展其理論的，只是由於謙虛才在其著作中大量引征別人的研究工作。例如，達爾文在《物種起源》一書中列舉了三十多位或多或少有一些演化觀點的學者，而實際上達爾文在構思其理論時還不知道他們。這種看法也失之偏頗。實際上，達爾文從其前輩和同輩學者中受益匪淺。在達爾文的回憶錄中有這方面的記述。

4. 達爾文本人的特質是他成功的重要因素，即他的博學、廣泛興趣、強烈的求知慾、超人的觀察力、工作的專心致志以及有效的工作方法和正確的思維方法。達爾文在其回憶錄中承認自己「沒有敏捷的理解力，也沒有機智」「記憶範圍廣博，但模糊不清」，說明達爾文沒有超人的智力。但達爾文不同於一般人的地方是「具有一種比一般水平的人更高的本領，就是能看出那些容易被人忽略的事物，並且對它們做細緻觀察」。達爾文承認自己勤奮，他說：「我在觀察和收集事實方面的勤奮努力，真是無以復加。」還有一點更重要，就是「我熱愛自然科學，始終堅定不移，旺盛不衰……我一生的樂

趣和唯一的工作就是科學研究工作。」

最後，還有一個未必不重要的條件，那就是達爾文的經濟狀況：他的父親留給他一筆遺產，使他「不急需去謀生覓食」，有充裕時間去考察研究。

達爾文的演化學說大體包含兩部分內容：其一是達爾文未加改變地接受前人的演化學說中的部分內容（主要是布豐和拉馬克的某些觀點）；其二是達爾文自己創造的理論（主要是自然選擇理論）及經過修改和發展的前人或同代人的某些概念（如性狀分歧、種形成、絕滅和系統發育等）。

任何演化學說得以成立的前提是：第一，承認物種可變；第二，承認原有的和變異的特徵都是透過遺傳從親代獲得並傳給後代；第三，必須能夠在排除超自然原因的情況下解釋生物演化的原因和適應的起源。達爾文以前的演化學說多強調單一的演化因素，如布豐強調環境直接誘發生物的遺傳改變，拉馬克強調生物內在的自我改進的力量。而達爾文在其《物種起源》一書中兼容並包，他採納了布豐的環境對生物直接影響的說法（但他認為環境條件與生物內因比較起來還是次要的），也接受了拉馬克的獲得性遺傳法則（他甚至還提出「泛生子」假說來解釋獲得性遺傳），但他在解釋適應的起源時強調自然選擇的作用。達爾文演化學說可以說是一個綜合學說，但自然選擇理論是其核心。

達爾文在構思自然選擇理論時受到兩方面的啟發：一是農、牧業品種選育的實踐經驗，二是馬爾薩斯的著作。批評達爾文的人只強調後

者，其實若仔細讀一讀達爾文的《物種起源》和《動植物在家養狀態下的變異》這兩本書，就不難看出農、牧業育種家們培育新品種的方法（人工選擇）對達爾文構思的啟發作用。

達爾文的演化學說的主要內容可以歸納如下：

1. 變異和遺傳

一切生物都能發生變異，至少有一部分變異能夠遺傳給後代。達爾文在觀察家養和野生動植物的過程中發現了大量的、確鑿的生物變異事實。他從性狀分析中看到可遺傳的變異和不遺傳的變異，他不知道為什麼某些變異不遺傳，但他認為變異的遺傳是通例，不遺傳是例外。達爾文把變異區分為一定變異和不定變異。所謂一定變異，「是指生長在某些條件下的個體的一切後代或差不多一切後代，能在若干世代以後都按同樣方式發生變異」（《物種起源》第一章）；而所謂不定變異，就是在相同條件下個體發生不同方式的變異。關於變異原因，達爾文提到以下幾方面：環境的直接影響，器官的使用與不使用產生的效果，相關變異等。關於變異與環境的關係，達爾文更強調生物內在因素，他說：「生物本性似較條件尤其重要……對於決定變異的某一特殊類型來講，條件性質的重要性若和有機體本性比較，僅屬次要地位，也許並不比那引起可燃物料燃燒的火花的性質，對於決定所發火焰的性質來講更重要。」（《物種起源》第一章）關於變異的規律，達爾文得出兩點結論：

1. 在自然狀態下顯著的偶然變異是少見的，即使出現也會因雜交而消

失；

2. 在自然界中從個體差異到輕微的變種，再到顯著變種，再到亞種和種，其間是連續的過渡。

因而否認自然界的不連續，否認種的真實性（認為種是人為的分類單位）。歷來對達爾文的變異學說批評甚多，某些錯誤是由於達爾文那個時代的生物學水平的限制，如關於變異的遺傳和不遺傳問題、一定變異與不定變異問題、物種問題等。關於遺傳規律，達爾文承認他「不明了」。但他所相信的融合遺傳和他自己提出的「泛生子」假說都是錯誤的。

2. 自然選擇

任何生物產生的生殖細胞或後代的數目要遠遠多於可能存活的個體數目（繁殖過剩），而在所產生的後代中，平均說來，那些具有最適應環境條件的有利變異的個體有較大的生存機會，並繁殖後代，從而使有利變異可以世代累積，不利變異被淘汰。在說明自然選擇這個概念之前，達爾文引進了「生存鬥爭」的概念。什麼是生存鬥爭呢？達爾文說：「一切生物都有高速率增加的傾向，所以生存鬥爭是必然的結果。各種生物，在它的自然生活期中產生多數的卵或種子的，往往在生活的某時期內或者在某季節或某年內遭於滅亡。否則，依照幾何比率增加的原理，它的個體數目將迅速地過度增大，以致無地可容。因此，由於產生的個體超過其可能生存的數目，所以不免到處有生存鬥爭，或者一個個體和同種其他個體鬥爭，或者和異種的個體鬥爭，或者和生活的物理條件鬥

爭。」（《物種起源》第三章）簡單地說就是生物都有高速地（按幾何比率）增加個體數目的傾向，這樣就和有限的生活條件（空間、食物等）發生矛盾，因而就發生大比率的死亡，這就是生存鬥爭，即從某種意義來說，好像是同種的個體之間或不同物種之間為獲取生存機會而鬥爭。既然在自然狀況下，生物由於生存鬥爭都有大比率的死亡，那麼這種死亡是無區別地偶然死亡呢，還是有區別的有條件的淘汰呢？

達爾文認為，由於在自然狀況下，存在著大量的變異，同種個體之間存在著差異，因此在一定的環境條件下，它們的生存和繁殖的機會是不均等的。那些具有有利於生存繁殖的變異的個體就會有相對較大的生存繁殖機會。又由於變異遺傳規律，這些微小的有利的變異就會遺傳給後代而保存下來。這個過程與人工選擇有利變異的過程非常相似，所以達爾文把這叫做自然選擇。「選擇」這個詞的含義並不是說有一個超自然的、有意識的上帝在起作用，達爾文只是將其從人工選擇引申過來，是一種比喻。達爾文還從自然選擇引申出「性選擇」概念，把自然選擇原理應用到解釋同種雌、雄兩性個體間性狀差異的起源。性成熟的個體往往有一些與性別相關的性狀，如雄鳥美麗的羽毛，雄獸巨大的搏鬥器官（角等），雄蟲的發聲器，雌蛾的能分泌性誘物質的腺體等。這些都稱為副性徵（或第二性徵）。這些副性徵是如何形成的呢？達爾文看到，正如人工選擇鬥雞的情形一樣，在自然界裡經常發生的生殖競爭（通常是雄性之間為爭奪雌性而發生鬥爭）是造成副性徵的主要原因。在具有生存機會的個體之間還會有生殖機會的不同，那些具有有利於爭取生殖機會的變異就會累積保存下來，這就是性選擇。

187

達爾文在《人類的由來》一書中有更詳盡的敘述。但不是所有的副性徵都可以用雄性之間的搏鬥或雌性的「審美觀」來解釋的。雄蟬的鳴聲誠然動聽，但據說蟬根本聽不見聲音。而對於人類本身的副性徵的解釋則更須謹慎了。現在看來，某些副性徵是自然選擇直接作用的結果，如雌蟲的性引誘器官對生存有利；某些雄獸（如鹿）的角雖然也用於性競爭，但也用於防衛；而大多數副性徵都是與生殖腺和內分泌有關，因此這些副性徵可能都是相關變異的結果。

3. 性狀分歧、種形成、絕滅和系統樹

達爾文從家養動植物中看到，由於按不同需要進行選擇，從一個共同的原始祖先類型造成許許多多性狀極端歧異的品種。例如，從岩鴿這個野生祖先馴化培育出上百種家鴿品種；身體輕巧的乘用賽馬，與身體粗壯的馬體型如此歧異，但都可以追溯到二者共同的祖先。類似的原理應用到自然界，在同一個種內，個體之間在結構習性上越是歧異，則在適應不同環境方面越是有利，因而將會繁育更多的個體，分布到更廣的範圍。這樣隨著差異的累積，歧異越來越大，於是由原來的一個種逐漸演變為若干個變種、亞種，乃至不同的新種。這就是性狀分歧原理。達爾文還強調了地理隔離對性狀分歧和新種形成的促進作用。例如，被大洋隔離的島嶼，如加拉帕戈斯群島的龜和雀。由於生活條件（空間、食物等）是有限的，因此每一地域所能供養的生物數量和種的數目也是有一定限度的。自然選擇與生存鬥爭的結果使優越類型個體數目增加，則較不優越的類型的個體數目減少。減少到一定程度就會絕滅，因為個體

數目少的物種在環境劇烈變化時就有完全覆滅的危險，而且個體數目越少，則變異越少，改進機會越小，分布範圍也越來越小。因此，「稀少是絕滅的前奏」。

達爾文認為，在生存鬥爭中最密切接近的類型，如同種的不同變種、同屬的不同種等，由於具有近似的構造、體質、習性和對生活條件的需要，往往彼此鬥爭更激烈，因此，在新變種或新種形成的同時，就會排擠乃至消滅舊的類型。在自然界和家養動植物中的確可以見到這樣的情形。由於性狀分歧和中間類型的絕滅，新種不斷產生，舊種滅亡，種間差異逐漸擴大，因而相近的種歸於一屬，相近的屬歸於一科，相近的科歸於一目，相近的目歸於一綱。如果從時間和空間兩方面來看，則這一過程正好像一棵樹。達爾文是這樣描述這棵樹的：「同一綱內一切生物的親緣關係，常常可用一株大樹來表示。……綠色的和出芽的枝，可以代表生存的物種；過去年代所生的枝椏，可以代表那長期的、先後繼承的絕滅物種。在每個生長期內，一切在生長中的枝條，都要向各方發出新枝，覆蓋了四周的枝條，使它們枯萎，正如許多物種和物種類群，在任何時期內，在生存的大搏鬥中要征服其他物種的情形一樣。樹幹分出大枝，大枝分出小枝，小枝再分出更小的枝，凡此大小樹枝，在這樹的幼年期，都曾一度是生芽的小枝；這些舊芽和新芽的分支關係，很可以表明一切絕滅和生存的物種，可以依大小類別互相隸屬而成的分類系統一樣。……從這樹有生以來，許多枝幹已經枯萎脫落了；這種脫落的大小枝幹，可以代表現今已無後代遺留，而僅有化石可考的諸目、科、屬等。我們有時在樹的基部分叉處可以看到一條孤立的弱枝，因為

特殊機會,得以生存至今;正如我們有時可以看到的像鴨嘴獸和肺魚那樣的動物,透過它們的親緣關係把兩條生命大枝連結起來,它們顯然是由於居住在有庇護的場所,才能在生死的鬥爭中得以倖免。芽枝在生長後再發新芽,強壯的新芽向四周發出新枝,籠罩在許多弱枝之上。依我想,這巨大的『生命之樹』的傳代亦是如此,它的許多已毀滅而脫落的枝條,充塞了地殼,它的不斷的美麗分枝,遮蓋了大地。」(《物種起源》第四章)這是達爾文以他的自然選擇原理對生物演化的過程最生動形象的描繪。系統樹這個概念沿用至今。

達爾文學說自誕生以來就不斷地被修正、改造和更新。達爾文學說形成於生物科學尚處在較低水平的 19 世紀中期,那時遺傳學尚未建立,生態學正在萌芽,細胞剛被發現。作為生物科學最高綜合的演化論,它隨著生物科學的發展而不斷顯露出矛盾、問題、錯誤和缺陷,理論本身就不斷被修正和改造。達爾文學說經歷了兩次大修正,並且正經歷第三次大修正。

20 世紀初,魏斯曼(A. Weismann)及其他學者對達爾文學說做了一次「過濾」,消除了達爾文演化論中除了自然選擇以外的龐雜內容,如拉馬克的獲得性遺傳說、布豐的環境直接作用說等,而把自然選擇強調為演化的主因素,把自然選擇原理強調為達爾文學說的核心。經過魏斯曼修正的達爾文學說被稱為「新達爾文主義」。這是第一次大修正。

第二次大修正是由於遺傳學的發展引起的對自然選擇學說本身以及與其相關的概念(如適應概念、物種概念)所做的修正。20 世紀初,由於孟德爾(G. Mendel)被埋沒的研究成果的重新發現以及底弗里斯(De

Vries)、摩根（T. Morgan）及其他遺傳學家對遺傳突變的研究，使得粒子遺傳理論替代了融合遺傳的傳統概念。1930年代，群體遺傳學家又把粒子遺傳理論與生物統計學結合，重新解釋了自然選擇，並且對有關的概念做了相應的修正，如對適應概念的修正。群體遺傳學家用繁殖的相對優勢來定義適應，適應程度則表現為個體或基因型對後代或後代基因庫的相對貢獻，即適應度（Fitness），用這樣的新概念替代了達爾文原先的「生存鬥爭，適者生存」的老概念。

適應與選擇不再是生存與死亡這樣的全或無的概念，而是繁殖或基因傳遞的相對差異的統計學概念。這是十分重要的修正，這一修正使得經常被用於社會政治目的的「生存鬥爭」口號失去了科學基礎。此外，對達爾文的物種概念、遺傳變異概念也做了修正。這個時期對演化理論做出重大貢獻的有遺傳學家、生物系統學家、古生物學家等，他們綜合了生物學各學科的成就和多種演化因素，建立了現代的演化理論，赫胥黎（Huxley）稱之為「現代綜合論」（Modern synthesis）。

達爾文學說透過「過濾」（第一次修正）和「綜合」（第二次修正）而獲得了發展。當前，達爾文學說正面臨第三次大修正。這一次修正可以說主要是由古生物學和分子生物學的發展引起的：古生物學家揭示出大演化的規律、演化速度、演化趨勢、種形成和絕滅等，大大增加了我們對生物演化實際過程的了解；分子生物學的進展揭示了生物大分子的演化規律和基因內部的複雜結構。宏觀和微觀兩個領域的研究結果導致了對達爾文學說的如下修正：

1. 古生物學證明大演化過程並非勻速、漸變的，而是快速演化與演化停滯相間的。

2. 大演化與分子演化都顯示出相當大的隨機性，自然選擇並非總是演化的主因素。

3. 遺傳學的深入研究揭示出遺傳系統本身具有某種演化功能，演化過程中可能有內因的驅動和導向。

但是，關於演化速度，演化過程中隨機因素和生物內因究竟起多大作用、起什麼樣的作用等問題尚在爭論之中，這一次大修正尚未完成。

從達爾文學說的歷史命運可以看出，科學理論的替代並不只是簡單的新理論對舊理論的否定和排斥，修正和發展可能更為常見。某一學科的發展往往以某個中間層次為起點，向微觀和宏觀兩個方向擴展和深入，而相關的科學理論也隨著這種擴展和深入不斷獲得新的資訊，並隨之不斷地被修正、更新和改造。這就是科學理論的發展式替代，舊理論被修正、改造為新理論。達爾文的自然選擇學說是建立在對生物個體層次的認識基礎上的，隨著生物科學和古生物學向微觀和宏觀層次的深入和擴展，必然要對它做相應的修正和改造。基礎學科的綜合理論大體都有這樣的經歷，這類理論總是隨著基礎學科的發展而發展，爭論不停息，理論本身的演變也不會停止。

一百多年來新、舊演化學說既有承襲，也有發展，既有補充、修正，也有對立、爭論。關於演化論的爭論，總結來看主要是圍繞著下面三個主題。第一，演化的動力是什麼？第二，演化是否有一定方向？第

三,演化的速度是否恆定?按照上述三個方面的不同觀點,我們可以將各派演化學說進行歸納,如圖 16-2 所示。

演化動力

　外環境為主—布豐學說,萊爾學說,某些新拉馬克主義,米邱林−李森科主義,新災變論

　內因為主——經典的拉馬克主義,活力論,終極目的論,突變論,某些現代的分子

　外環境與內因結合(遺傳突變＋選擇作用)— 達爾文學說,現代綜合論

演化方向

　不定向的

　　循環的或隨機的—萊爾學說,隨機論,分子演化中性論

　　適應局部環境的—達爾文學說,現代綜合論

　定向的,進步的— 拉馬克主義和某些新拉馬克主義,活力論,終極目的論,某些現代的「環境趨向變化論」

演化速度

　漸變的,基本上是等速的—萊爾學說,達爾文學說,現代綜合論

　跳躍的,不等速的—斷續平衡論,新災變論

　恆定的—分子演化中性論

圖 6-2　各派演化學說

三、自然選擇時代的新聲音 —— 中性演化理論

1960 年代末到 1970 年代初,基於對蛋白質和核酸分子演化改變(表現為蛋白質分子中的氨基酸替換和 DNA 分子中的鹼基替換)的比較研究,木村資生(Kimura Motoo)與太田明子(Tomoko Ohta),金(King)與朱克斯(Jukes)差不多同時提出了一個後來稱作「分子演化中性論」

（The neutral theory of molecular evolution，簡稱中性演化理論）的理論
（木村在隨後出版的一本專著中詳細論述了這個理論），用以解釋分子
層次上的「非達爾文式的演化」（non-Darwinian evolution in molecular
level）現象。

中性演化理論的基本論點是：在生物分子層次上的演化改變不是由
自然選擇作用於有利突變而引起的，而是在連續的突變壓之下由選擇中
性或非常接近中性的突變的隨機固定造成的（這裡所謂選擇中性的突變
是指對當前適應度無影響的突變）。換句話說，中性論雖然承認自然選
擇在表型（形態、生理、行為的特徵）演化中的作用，但否認自然選擇
在分子演化中的作用，認為生物大分子（蛋白質、核酸）的演化中主要
影響因素是機會和突變壓。

在多個證明中性演化理論的論據中有兩個論據非常有說服力：

1. 分子層次上的大多數變異是選擇中性的。
2. 蛋白質與核酸分子的演化速率高而且相對恆定。

為了便於大家理解上述論點和論據，下面我們用「點突變與選擇中
性」和「生物大分子演化速率相對恆定與演化的保守性」兩個方面的研究
對以上論據做一簡要說明。

1・關於「點突變與選擇中性」

點突變是指DNA的一個鹼基替換為其他鹼基的變異。如我們所知，

氨基酸序列承載著DNA的遺傳資訊，三個鹼基的排列指定一種氨基酸，這就是所謂的「密碼子」。DNA 序列中的鹼基分為腺嘌呤（A）、胸腺嘧啶（T）、鳥嘌呤（G）、胞嘧啶（C）四種。所以三個鹼基序列的種類共有 $4 \times 4 \times 4 = 64$ 種。蛋白質所用到的氨基酸一共有 20 種，因此還有 44 種鹼基序列是多餘的。研究發現，密碼子具有簡並性，即決定氨基酸的密碼子的鹼基序列中包含兩種情況：第三個鹼基（四種中）無論是什麼，氨基酸種類都不變；第三個鹼基無論是 A、G 還是 C、T，氨基酸種類都不變，而且 64 種序列裡還有指定翻譯終止的終止密碼子，這些指定的都是特定的氨基酸或者終止密碼子。也就是說，有些鹼基序列指定的氨基酸是相同的，即使鹼基之間發生置換，指定的氨基酸也可能不會變化。氨基酸有變化的置換現象稱為非同義突變，氨基酸不變的置換現象稱為同義突變。從利弊的角度來講，性狀並不是透過鹼基序列來顯現的，而是以指定氨基酸序列（蛋白質）的表現型來展現的。那麼，不會引起氨基酸置換的點突變對表現型是沒有影響的（有很多引起氨基酸置換的點突變也有可能對表現型沒有影響），因此，對生物的演化既沒有利也沒有弊。研究表明，在分子層面發生的突變，基本上都是無所謂有利還是不利的點突變（即中性突變），有利的突變其實非常少，簡直可以忽略不計。自然選擇的作用只針對和既有的東西相比有利或者不利的性狀（表現型）。那麼，上述無關利弊的中性突變在演化過程中又遵循了怎樣的原理呢？

我們知道，二倍體生物（即有兩個染色體組的生物）在產生配子（精子或卵子）的時候，兩個染色體組發生分裂，其中一組進入配子中（減

數分裂），然後透過受精重新結合為有兩個染色體組的二倍體。例如，
含有 Aa 這兩個等位基因的個體透過減數分裂形成配子。假設只形成一
個配子，產生 A 的機率是 0.5，產生 a 的機率也是 0.5。這樣的親代孕育
出一個子代，孩子的基因型就是 AA:Aa:aa ＝ 1:2:1 ＝ 0.25:0.5:0.25。由
於父母的基因型都是 Aa，父母那一代遺傳基因的頻率是 A：a ＝ 0.5：
0.5，但子代出現 AA 或者 aa 基因型的機率都是 0.25，有可能 A 或者 a
會消失。就這樣，每一代之間的遺傳基因頻率都會產生變動，而親代形
成配子時，選擇哪對等位基因是由機率決定的（而非自然選擇）。被挑選
的等位基因有時會出現「偏離」，使得下一代的遺傳基因頻率發生變化。
這個過程與自然選擇原理毫無關聯，是一種讓下一代基因頻率發生變化
的機率事件。木村把這種演化機制命名為「遺傳漂變」，遺傳漂變發生的
基礎是分子層次上絕大多數突變是選擇中性的，而那些有顯著表型效應
的突變（包括會帶來有害的突變和有利的突變）很少發生。

2・關於「生物大分子演化速率相對恆定與演化的保守性」

在生物大分子的層次上來觀察演化改變時，我們看到的是一個不同
於表型演化的過程。根據木村的總結，分子演化有兩個顯著特點，即演
化速率相對恆定和演化的保守性（分子鐘的原理）。如果以核酸和蛋白
質的一級結構的改變，即分子序列中的核苷酸或氨基酸的替換數作為演
化改變量的測度，演化時間以年為單位，那麼生物大分子隨時間的改變
（即分子演化速率）就像物理學的振盪現象一樣，幾乎是恆定的。透過比
較不同物種同類（同源的）大分子的一級結構，可以計算出該類分子的

演化速率。對於某類蛋白質分子或某個基因（或核酸序列）來說，其分子演化速率可表示為氨基酸或核苷酸的每個位點每年的替換數，即：

$$K = \frac{d}{2tN}$$

上式中的 K 是分子演化速率（每個氨基酸位點每年的替換數）；d 是氨基酸或核苷酸替換數目；N 是大分子結構單元（氨基酸或核苷酸）總數；t 是所比較的大分子發生分異的時間，$2t$ 代表演化時間（演化經歷的時間是分異時間的 2 倍）。例如，比較現代的兩個分類群 A 和 B 的同源大分子的差異，假定 A 與 B 的最近的共同祖先 C 生存於 2000 萬年（20Ma）前，即 A 與 B 從 2000 萬年前開始發生分異（t=20 Ma），但 A 和 B 的同源大分子的差異是 A 和 B 各自獨立地演化的結果，因此，實際上的演化時間是分異時間的 2 倍（$2t$=40 Ma），如圖 16-3 所示。

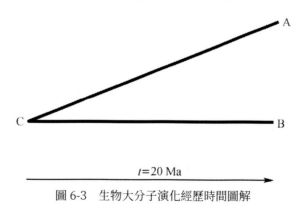

圖 6-3　生物大分子演化經歷時間圖解

對於不同物種的同源大分子，其分子演化速率是大體相同的。例如，用不同動物中的血紅蛋白分子的一級結構比較和計算，所得出的分

子演化速率是每個氨基酸位點每年替換數為 10^{-9}（$K=10^{-9}/(aa\cdot a)$）。例如，用人和馬的血紅蛋白比較，其 α 鏈上有 18 個氨基酸位點替換了，計算得出的分子演化速率 $K=0.8\times10^{-9}/(aa\cdot a)$；用人和鯉魚的血紅蛋白比較，有 68 個氨基酸位點差異，計算出的分子演化速率 $K=0.6\times10^{-9}/(aa\cdot a)$。

即使是表型演化停滯的所謂「活化石」，如傑克森港鯊，自石炭紀以來（大約 3.5 億年前）表型幾乎沒有變化，但其血紅蛋白的 α 與 β 鏈之間的氨基酸位點的差異量幾乎和人的血紅蛋白分子的 α 與 β 鏈之間的差異量相同（人為 147 個位點的差異，鯊為 150 個）。這說明，分子演化速率（此處指的是大分子一級結構的改變速率）遠比表型演化速率穩定。一些研究資料表明，生物大分子演化中的一級結構的改變（替換）只和演化經歷的時間相關，而與表型演化速率不相關。為什麼生物大分子演化改變的速率如此穩定呢？一種可能的解釋是：大分子一級結構中組成單元的替換是一個沒有特殊驅動和控制的隨機過程。

分子演化的第二個特點是演化的保守性，這裡所說的「保守性」是指功能上重要的大分子或大分子的局部在演化速率上明顯低於那些功能上不重要的大分子或大分子局部。換句話說，那些引起現有表型發生顯著改變的突變（替換）發生的頻率較那些無明顯表型效應的突變（替換）發生頻率低。

例如，在已研究過的蛋白質分子中，演化最快的是血纖肽（Fibrinopeptides），它在血凝時從血纖蛋白原（Fibrinogen）分離出來，但卻沒有什麼生理功能，其演化速率比血紅蛋白快 7 倍（見表 16-1）。胰

島素原（Proinsulin）的中部部分 C 肽的演化速率是胰島素的 6 倍，因為 C 肽在胰島素形成時就被移除了，是沒有生理功能的部分。血紅蛋白分子的外區要比所謂的「血紅素袋」（Heme pocket）的內區在功能上次要得多，前者演化速率是後者的 10 倍。核酸分子演化的保守性特徵也很明顯。例如，DNA 密碼子中的同義替換比變義替換發生的頻率高，因為前者不會引起對應的蛋白質分子氨基酸順序的任何改變。又如，內含子（Intron，基因之內功能不明的插入序列）內的鹼基替換速率也相當高，大致等同於或高於同義替換。簡言之，「啞替換」發生的頻率高於「非啞替換」。假基因（Pseudogene）是喪失功能的基因，其替換速率更高。例如，哺乳類球蛋白假基因的演化速率為 $5 \times 10^{-9}/(aa \cdot a)$，這個速率大約是正常球蛋白基因第三密碼位的替換（大多為同義替換）速率的兩倍。另一方面，功能上重要的基因或基因內的保守區，如大腸桿菌和高等生物基因中的啟動區或轉錄起點內的保守區（對基因的啟動和轉錄極為重要）很少發生替換。

表 6-1　不同生物大分子的演化速率

生物大分子類別	進化速率 / 5×10^{-9} / (aa · a)
血纖維蛋白肽	8.3
胰核糖核酸酶	2.1
溶菌酶	2
血紅蛋白 α	1.2
肌紅蛋白	0.89
胰島素	0.44
細胞色素 c	0.3
組織蛋白 H4	0.01

　　功能上重要的生物大分子和大分子的局部的演化保守性說明大分子演化並非是完全隨機的，大分子的演化（表現為一級結構單元的替換）中存在某種制約因素或控制機制，這正是需要深入研究的。

　　中性演化理論是解釋分子演化現象的一個理論，其並不是對達爾文自然選擇學說的反叛，而是對自然選擇學說的有利補充，是當今對達爾文學說第三次大修正的重要成果。還記得上一章全基因組古 DNA 測序對人類演化發展的研究成果嗎？那正是達爾文自然選擇學說與中性演化理論有機整合後的勝利果實。

　　回顧演化論的歷史，相信大家已經意識到演化論本身也是在不斷演化的。達爾文發現了自然選擇學說，在不摻雜神的作用的前提下解釋了生物的適應性和多樣性，從自然選擇學說的提出到現在已經過去了 160 多年，自然選擇學說自身也在不斷吸收最新的生物學知識，其面貌一直在改變。

　　展望演化論的未來，並不知道會有怎樣的發展，但無論如何，人類的思想不會停滯，科學探索的步伐也會一直向前，我們期待著未來更加「演化」的「演化論」被發現和闡明，帶領人類走向更加光明的未來……

從南方古猿到智人

基因組╳遺傳學╳演化論╳分子鐘，對生命不斷的探索，使「演化」成為生命科學體系的思想脈絡

編　　著：張超，趙奐，林祖榮

發 行 人：黃振庭

出 版 者：崧燁文化事業有限公司

發 行 者：崧燁文化事業有限公司

E-mail：sonbookservice@gmail.com

粉 絲 頁：https://www.facebook.com/
　　　　　sonbookss/

網　　址：https://sonbook.net/

地　　址：台北市中正區重慶南路一段六十一號八
　　　　　樓 815 室

Rm. 815, 8F., No.61, Sec. 1, Chongqing S. Rd.,
Zhongzheng Dist., Taipei City 100, Taiwan

電　　話：(02)2370-3310

傳　　真：(02)2388-1990

印　　刷：京峯彩色印刷有限公司（京峰數位）

律師顧問：廣華律師事務所 張珮琦律師

國家圖書館出版品預行編目資料

從南方古猿到智人：基因組╳遺傳
學╳演化論╳分子鐘，對生命不斷
的探索，使「演化」成為生命科學
體系的思想脈絡 / 張超，趙奐，林
祖榮編著 . -- 第一版 . -- 臺北市：
崧燁文化事業有限公司 , 2022.09
　面；　公分
POD 版
ISBN 978-626-332-676-7(平裝)
1.CST: 生命科學
361　　　111013040

電子書購買

臉書

定　　價：299 元

發行日期：2022 年 09 月第一版

◎本書以 POD 印製